U0111056

大展好書　好書大展
品嘗好書　冠群可期

大展好書　好書大展
品嘗好書　冠群可期

藝術大觀 4

崔國永　黃強｜主編

養蘭賞蘭

輕鬆上手

品冠文化出版社

國家圖書館出版品預行編目(CIP)資料

養蘭賞蘭輕鬆上手 / 崔國永、黃強主編.
──初版.──臺北市：品冠文化，2016 [民 105.04]
面； 公分─（藝術大觀；4）
ISBN 978-986-5734-45-9（平裝）
1. 蘭花 2. 栽培
435.431   105001866

養蘭賞蘭輕鬆上手

主　　編／崔國永、黃強
責任編輯／劉三珊
發 行 人／蔡孟甫
出 版 者／品冠文化出版社
社　　址／臺北市北投區（石牌）致遠一路 2 段 12 巷 1 號
電　　話／（02）28233123，28236031，28236033
傳　　真／（02）28272069
郵政劃撥／19346241
網　　址／www.dah-jaan.com.tw
E-mail／service@dah-jann.com.tw
登 記 證／北市建一字第 227242 號
承 印 者／凌祥彩色印刷有限公司
裝　　訂／承安裝訂有限公司
排 版 者／菩薩蠻數位文化有限公司
授 權 者／安徽科學技術出版社
初版 1 刷／2016 年（民 105 年）4 月

定價／600元

　　對於蘭花，人們的普遍印象是「難養」，有人形象地説購蘭後「一年看花，二年看草，三年看盆」。也正因為如此，許多人對蘭花「敬而遠之」，不敢貿然蒔養。的確，相對於其他花卉，蘭花要難養些。但如果摸透蘭花的習性，掌握其蒔養的關鍵技術，養蘭也就不那麼難了。

　　蘭花原本生長在山野林下，於是有人説要養好蘭花，就要創造與其生長環境一樣的環境條件。這話是有一定道理的，「適者生存」，蘭花能在那樣的環境中生長，自然很適應那樣的環境條件。四川曾有蘭家，到蘭花生長的地方，將其環境中溫度、濕度的24小時變化記錄下來，然後將自己蘭室的溫、濕度也按此規律變化，據説效果不錯。

　　但也有人説，山林中的環境未必是最適應蘭花的。君不見，現在生存在山林中的蘭花多是「犧牲」了其他蘭花之後留下來的。再説，生長在山上的蘭花未必都長得很好。因此，我們完全可以創造更好的生長環境，讓家養蘭花長得更好。這話似乎也不無道理。

　　要養好蘭，雖然山林中的環境條件是值得我們去模仿創造的，但在有些方面我們也可以創造比山林中更好的條件。比如，對於蘭花的植料，未必要一成不變將山林中的腐葉土取來養蘭，我們可在其中加些顆粒植料（如塘基石、磚粒等）及珍珠岩、蛇木等，這樣，植料將更為蓬鬆透氣，養蘭的效果也會更好。這已是經實踐證明了的。看來，在蘭花栽培上採用「源於自然，高於自然」的方法也許更為可行。

　　有了對於營造良好養蘭環境條件的清晰認識，就有了對蘭花栽培的良好思路，就可避免養蘭的盲目性，養蘭也就不難了。

　　如果説養蘭是「技術活」，那麼賞蘭就是「藝術活」。賞蘭需要人們對於傳統蘭花鑑賞知識有所瞭解，從古人的賞蘭經驗中汲取養分。當然，時代在發展，蘭花鑑賞觀也在發展。如今是一個賞蘭觀多元化的時代，無論是瓣形花、奇瓣花，還是素花、色彩花，都有人喜歡。

　　對於蘭花愛好者而言，養好蘭花就是「頭等大事」，在此基礎上再掌握一些賞蘭知識，能更好地領悟蘭花之美，這也是必須的。為此，我們編寫了這本《養蘭賞蘭一本通》。本書力求內容簡明實用，讓廣大蘭花愛好者一看就懂、一試就行。

　　本書由崔國永、黃強主編，參加照片拍攝和編寫的作者還有劉容談、陳玉英、陳文、李超、劉世全、呂翠琳、葉靈、黃見華、劉付忠、張燕青、劉家城、黃惠蘭、陳彩、黃彩玲、陳洪亞、劉國岑、黃典傑、陳群、劉瑞花、黃慶春、游土學、陳金來、程章云、黃雅仙、游燕翔、張華傑、唐慶壘、錢朝燊、劉正穎、黃貞興、劉青、黃敏、劉揚發等。此外，本書在編寫過程中也得到了廣大蘭家蘭友的支持，他們或為照片的拍攝提供了許多方便，或對編寫的內容和方式提出了許多有建設性的建議。在此，謹向他們致以誠摯的謝意！

編者

目錄
Contents

第二章／賞蘭篇

第一章 養蘭篇

🌿 第一節　蘭花品種的選擇

　　蘭花的種類有很多。真正的蘭花屬於蘭科植物，是高等植物中最大的科，有 700 個屬 20 000 餘種，其中產於中國的有 174 個屬 1 200 種以上，這還不包括大量的變種和人工培育的品種。具體來說，可從以下幾個方面對蘭花品種進行選擇。

　　1. **根據所在地區的氣候條件選擇。**有些植物在開花前，需要有一個時期的低溫刺激的過程，才能轉入生殖生長階段，這在植物生理學上稱為春化。蘭花中的春蘭、蕙蘭以及蓮瓣蘭、春劍在生長發育過程中，都不同程度地具有這一生理特點，即要經過一段時間（約 1 個月）的低溫（0～10℃，晚間氣溫在此範圍即可）過程，這樣才能開花或開好花。春化最適時期為小雪至大寒。這些蘭花如沒有得到充分的春化，則花梗不高、開品不佳，甚至不開花。福建及其以南地區（廣東、海南），蕙蘭不容易開花，春蘭大多花也開得不好（花梗矮），影響了觀賞價值。因此，這些地區不大適合種蕙蘭（除端蕙梅等少數品種尚可外），若種春蘭、蓮瓣蘭、春劍，則應選擇花梗高、花守好的品種，如春蘭汪字、翠一品、蓮瓣蘭點蒼梅、冰美人等（圖 1-1-1 至圖 1-1-5）。建蘭適於我國大多數地區種植。北方地區還要考慮蘭花的越冬條件，如蘭花

圖 1-1-1　春蘭西神梅
（江浙春蘭傳統名品西神梅在福建以南地區栽培，花梗矮，花幾乎貼著盆面）

圖 1-1-2　春蘭汪字
（江浙春蘭傳統名品汪字在福建以南地區
栽培，花梗較高，開品佳）

圖 1-1-3　春劍銀稈素
（春劍銀稈素在福建以南地區栽培，
花梗較在四川地區栽培的矮）

圖 1-1-4　蕙蘭關頂
（蕙蘭關頂在福建以南地區栽培，開品尚佳）

圖 1-1-5　蓮瓣蘭點蒼梅
（蓮瓣蘭點蒼梅花梗高，適於在福建以南地區栽培）

中的墨蘭較不耐寒，5℃以下都可能受凍，所以，在寒冷季節，應適時移盆室內（圖 1-1-6）。

　　2. 根據自己的栽培水準及經濟條件選擇。初學者應該選擇價格較低、栽培難度小的品種，即蘭友所說的「入門草」。蘭花「入門草」主要有春蘭宋梅、集圓、瑞梅、雜交大宋梅，蕙蘭解佩梅、端蕙梅，蓮瓣蘭小雪素、碧龍玉素、春蕾，春劍銀稈素，建蘭龍岩素、

圖 1-1-6　移盆室內
（在江浙以及江浙以南地區，冬季要將蘭花搬至室內，以免受凍）

荷花素、大葉鐵骨素、大寶島、富山奇蝶、金絲馬尾爪，墨蘭吳字翠、金烏、泗港水、日向，等等。其實，低價位的蘭花未必低檔，其中不乏高檔次的花，如春蘭的宋梅、集圓，建蘭的富山奇蝶、大寶島等花的開品都是頂尖級的（圖 1-1-7 至圖 1-1-10），低價只是說明該品種存世量較多。待自己有一定的栽培基礎後再循序漸進，選

圖 1-1-7　春蘭宋梅
（宋梅是江浙春蘭中價位最低者之一，
可開品卻是頂尖級的）

圖 1-1-8 科技草
（不少科技草的價位與傳統名品相比低了許多，
但其開品卻毫不遜色）

圖 1-1-9　蕙蘭解佩梅
（蕙蘭傳統名品解佩梅，也是初養
蕙蘭者的首選「入門草」之一）

圖 1-1-10　春劍普通草
（春劍普通草，價位極低，其開品可圈可點）

圖 1-1-11　春蘭綠雲
（春蘭傳統名品綠雲價位相對較高，栽培難度
也較大，可待有一定養蘭基礎後再選種）

圖 1-1-12　墨蘭玉松
（墨蘭玉松花葉俱美，但栽培難度大，
發芽率低，適於高手栽培）

擇價位高些的品種。當然，如果初學者經濟較好，則可以選擇一些市場價位較高的優良品種。初學者切忌選擇高價位且栽培難度大的品種，如春蘭的綠雲、蕙蘭的金奧素、墨蘭的玉松和奇龍等（圖 1-1-11、圖 1-1-12）。

3. 根據自己的審美情趣選擇。蘭花的種類繁多，其欣賞類型也很多，有花藝、葉藝，有瓣形花、奇瓣花、蝶花，還有素花、色彩花等。俗話說「蘿蔔青菜，各有所愛」，有的人審美觀傳統，鍾情於瓣形花、素心品種，如建蘭荷花素等（圖 1-1-13）；有的人審美觀時尚，迷戀於蝶花、奇瓣花、色彩花，如蝶花等（圖 1-1-14）；

圖 1-1-13　建蘭荷花素
（無論時代如何更迭，素花是永遠的「寵兒」，建蘭荷花素讓人領略了「素」的魅力）

圖 1-1-14　蝶花
〔蝶花豔麗中不失典雅，難怪有為數不少的「追蝶者」（春蘭大元寶）〕

圖 1-1-15　墨蘭達摩
（墨蘭達摩矮種加上藝向變化繁多，因此也深受一些蘭友的喜愛）

圖 1-1-16 葉蝶
〔近年來，葉蝶成為市場的寵兒，其價位甚高，是
投資性養蘭首選（春劍桃園三結義）〕

有的人獨愛一個種類的某個欣賞類型，如春蘭的素心、墨蘭達摩的矮種和葉蝶等（圖1-1-15、圖1-1-16）。

對於休閒式養蘭者而言，養蘭就是圖個「樂」，當然選擇自己喜歡的種類或品種。有些初學者因缺乏基本的蘭花欣賞知識，今天聽這個蘭友說這花好看，明天又聽另一個蘭友說那花漂亮，結果養了一堆都是別人覺得好看的花，這就失去了養蘭的意義。但是，如果是投資性養蘭，則不能只考慮自己的喜好，而要根據市場的趨勢及大眾的審美觀來選擇。

4. 根據自己的現有場地條件選擇。如養蘭場地較小（如陽台等），則可本著「少而精」的原則來選擇（圖1-1-17），這裏所說的「精」只針對自己的喜歡程度而言，並非貴的意思；如養蘭場所較大，自然可以「博愛」一些，多選擇些品種。

此外，養蘭場所不大，最好選擇株型較小種類或品種，如春蘭、蓮瓣蘭、春

圖 1-1-17 陽台養蘭
（陽台空間小，栽培的品種只好「少而精」）

劍、建蘭以及墨蘭、蕙蘭中株型較小者。選擇墨蘭和蕙蘭等植株高大者未嘗不可，但由於空間有限，一則容不了太多盆數，二則空間逼仄，看起來也不是特別協調。養蘭場所較大（如屋頂、庭院），則既可選擇蕙蘭、墨蘭等株型高大健壯者，也可選擇春蘭、蓮瓣蘭等小巧玲瓏者（圖 1-1-18）。

圖 1-1-18　庭院養蘭
（庭院空間大，可以「隨心所欲」地選擇蘭花品種）

🌿 第二節　蘭花選購

一、蘭花一般購買途徑及防假識騙

　　蘭花的購買途徑，根據購買的地點及方式等可分為實體店購買與網絡購買（以下簡稱「網購」）、本地購買與異地購買、蘭花固定店購買與流動攤位購買、從蘭友處購買和從非蘭友處購買等。由於蘭草是一種即使見到實物，甚至見到花，也未必能完全保證買到的一定是植株健壯、栽培品質好的花卉。因此，蘭花最好的購買途徑是從當地信譽良好的蘭家或蘭友處購買；切忌從流動攤位購買或盲目網購，否則受騙上當的概率相當大。

　　蘭花作為一種商品，其在市場交易過程中自然難免存在「假冒偽劣」。假冒偽劣的內容主要包括蘭花的「出身」（是自然下山還是雜交選育）、品種的真偽、栽培品質（是強苗還是弱苗）等。具體來說，市場上常見的蘭花作假方式有以下幾種。

　　1. 以科技草冒充下山草。近些年來，蘭花雜交育種方法已得到廣泛應用，也育

出了不少品位相當高的好品種。雖然經過雜交選育出一個理想的品種並經組培推向市場所費的時間較長，但一旦成功，其可提供的商品數量較大（圖 1-2-1）。與傳統下山選育的品種相比，二者的珍稀程度及商品價值大不一樣，加之時下有些人一時還不能完全接受科技草，這就使得下山選育的品種，其價位要遠遠高於雜交選育的品種。因此，一些不良賣家就用雜交的新品種冒充下山新品種，牟取暴利（圖 1-2-2 至圖

圖 1-2-1　科技草數量較大
（科技草經雜交選出優良品種，然後再經組培後推出商品苗，其數量較大）

圖 1-2-2　翠蓋梅
（由宋梅與翠蓋荷雜交而成的翠蓋梅，其花品甚佳，常被騙子用來冒充下山新梅）

圖 1-2-3　雜交大富貴
（雜交大富貴明顯帶有墨蘭的血統）

圖 1-2-4　科技草大唐盛世
〔科技草大唐盛世（父本為春蘭余蝴蝶，母本為蓮瓣蘭
碧龍奇蝶），曾以下山新品身分被炒至 1 苗數百萬元〕

1-2-4）。對於科技草的識別，最科學有效的辦法是做 DNA 鑑定，但一般蘭友沒有這個條件。但仔細觀察，科技草總有其父母代的影子；此外，不少科技草的花葉也有其自身特點，如葉片較寬闊或彎曲、葉質較厚實等（圖 1-2-5）。

2. 用低價蘭冒充高價蘭。這在蘭花未購買時最容易發生。同一種類不同品種間的蘭花往往葉片都差不多，單憑葉片較難辨識其品種。有時，即使是帶花購買，一些不良賣家也會用花形相似的低價花矇騙初學者，如用春蘭瑞梅冒充萬字、用小打梅冒充梁溪梅、用蕙蘭仙綠冒充老上海梅、用建蘭觀音素冒充荷花素等。因此，購買蘭花時一定要見花購買；此外，還應充分瞭解所購花的株型、葉形、花形特徵，特別是一些品種所獨具的特徵，這是蘭花最好的「防偽商標」，如建蘭的富山奇蝶，其中心葉片沒有指環（葉節）。

圖 1-2-5　科技草葉片
（不少科技草的葉片有一定的特徵，即葉片較寬闊
或彎曲、葉質較厚實等）

　　瑞梅（圖 1-2-6）與萬字（圖 1-2-7）雖有幾分相像，但它們的外瓣、捧瓣及舌瓣都有所不同：瑞梅外三瓣、捧瓣及背根處會有明顯的紫紅色筋紋，而萬字沒有。

　　仙綠（圖 1-2-8）與老上海梅（圖 1-2-9）乍看有點像，但從其捧瓣和舌瓣就可看出明顯不同：老上海梅捧瓣合抱圓整，不開「天窗」，仙綠捧瓣如羊角向前伸，開「天窗」；老上海梅舌不下掛，仙綠舌下掛。

圖 1-2-6　瑞梅

圖 1-2-7　萬字

圖 1-2-8　仙綠

圖 1-2-9　老上海梅

二、蘭花網購防騙

　　購買蘭花，最好能到當地有信譽的蘭園購買，這樣購買的蘭苗較有保證。但是，由於種種其他原因，比如需要購買主產於外地的蘭花品種，或者為了淘到一些低價的蘭花，也需要由網路購買。

　　網購蘭花無法直接看到實物，只能藉助於圖片、文字來瞭解賣品，具有明顯的侷限性，客觀上使蘭花品種的正確性以及蘭苗的栽培品質無法得到完全的保證。因此，在網購蘭花時選擇信譽度高的賣家顯得尤為重要。對此，購買者首先可由瞭解賣家的信用指數（星級或鑽石級等）、好評率以及論壇的帖子等，來考察賣家的信譽。其次，除非是從信譽極佳的店家購買，否則一定要帶花購買，自己看到的總比賣家說的來得可靠。網購蘭花，與在實體店購買蘭花途徑不同，騙術也有所不同，總的來說，主要有以下幾種。

圖 1-2-21　蘭苗根
（溫室苗根水靈嬌嫩，引種後不容易栽培）

圖 1-2-22　組培苗
（剛出瓶不久的組培苗，栽培難度較大，不太好養）

1. 渾水摸魚法（圖 1-2-23 至圖 1-2-25）。將一種有名稱的品種，隱去其名，而泛稱其為「梅瓣花」「素心」等，或者乾脆稱其為「素心新品」「梅瓣新品」等，如將建蘭龍岩素稱為「建蘭素心」。此種伎倆多用於一些知名度不高的品種、國外引進的品種和新培育的科技草，如將台灣建蘭雪月花稱為「建蘭縞草縞花」等。下山新品，出現的概率少之又少，好的新品更是少見，千萬不要幻想「撿漏」。

圖 1-2-23　建蘭白玉荷
（建蘭白玉荷，知名度不高，常被標以
「素心荷瓣花」）

圖 1-2-24　春蘭四喜蝶
（「牡丹瓣新品」，實為開品好的傳統
春蘭名品四喜蝶）

圖 1-2-25　春蘭金玉殿
（所謂「春蘭線藝新品」，其實是從日本引進的春蘭金玉殿）

2. **畫餅充饑法**。一些賣家宣稱未見過花的「賭草」，如葉尖較鈍圓，稱可能出荷瓣花；葉尖乳化（即呈透明狀），稱可能出梅瓣花（圖 1-2-26）；蕙蘭花苞呈純淨綠色，稱可能出素花……且不說這些花是否在賣家手上開過我們無法確認，即使是未見過花的下山草，從理論上說，這些說法雖不是完全沒有道理，但其出現的概率極低，或者說幾乎不可能。試想，如果真有可能出細花（入品位的花），賣家怎麼可能會出手呢？這些所謂的「荷瓣花」「梅瓣花」……大多只是賣家畫的一個「餅」，讓買家有個美好的幻想罷了。網購蘭花時切忌心懷「買彩票中獎」的夢想，幻想「賭」出好花。此外，如果多個賣家所提供的都是同一張開品圖片，而不是他自己蘭園的開品圖片，那麼要嘛是這些賣家自己蘭園的開品都不如共用的那一圖片的開品，要嘛是賣家賣的都是假貨，提供不了自己蘭園的開品圖片。

一些蘭花如蓮瓣蘭的雪人（圖 1-2-27）、春劍的翠荷素、建蘭的青山玉泉等，圖片看起來很美（極少出現的最佳狀態），其實現實的開品往往讓人大失所望。因此，網購蘭花時，如多個賣家所提供的都是同一張開品圖片，可要求賣家提供他自己園裏的開品，並多方瞭解所購品種的真實開品，不要被一張圖片所迷惑。

圖 1-2-26　僅憑葉尖部呈水晶狀，
「賭」出梅瓣花的概率極小

圖 1-2-27　蓮瓣蘭雪人如此開品，
與「經典」的圖片相去甚遠

3. **初開迷人法**。如果網上店家提供的是一梗多花種類，而所給圖片上呈現的是只開一兩朵，其他的仍是含苞待放，這顯然是初開的開品，千萬不要被此開品所迷惑。蘭花在初開的三五天最為美觀，之後往往瓣拉長、捧瓣張開，甚至外瓣外翻，觀賞價值大大下降。其變化的程度因不同品種而異，有些品種變化程度不大，蘭友稱其花守

圖 1-2-28　寒蘭
（此寒蘭上方初開的一朵外瓣前傾，舌瓣頂部呈
兜狀，而下方稍開久的一朵外瓣已翻捲、落肩，
舌瓣也開始捲曲，兩花品位有天淵之別）

好；有的品種變化較大，演繹了從「公主」到「醜小鴨」的過程，即花守差，其品位也大打折扣。許多寒蘭（圖 1-2-28）在初開時捧瓣合抱、舌不捲，但沒過幾天就開得不成樣子了。一般來說，建蘭在其花葶上的花全部開後三四天、其他蘭花種類在開花後 10 天左右呈現的花基本上可算是其真實開品。如果一見到蘭花初開的樣子就買下，往往會讓你有「每況日下」的感嘆。因此，如果是網購蘭花，則應在購買前多方瞭解所購品種的穩定開品；如果賣家上傳的圖片已有數日，則應要求賣家透過 QQ 等途徑提供欲購品種最新的開品。

4. **圖片美化法**。與藝術攝影不同，蘭花交易中所用的圖片要求真實，不允許採用後期製作加以美化。但即便圖片不經過後期製作，在攝影過程中，也會因拍攝時相機相對於光源的角度不同，而產生不同的效果：順光所拍圖片最為真實，但花朵顯得較平淡，欠美感；逆光或側逆光所拍圖片，花朵色澤豔麗，暗紅色、紫紅色可拍成豔麗的鮮紅色，這在選購色花時尤其需要注意。

採用逆光或側逆光所拍圖片，其花葉的色澤以及整個畫面的光亮情況等與順光所拍圖片完全不同，容易辨識。此外，使用不同顏色的背景布或紙，拍出來的花朵色澤也會不同。完全正面拍攝的圖片，可能使花瓣看起來不那麼狹長；側著斜一點拍攝的圖片，可較真實地反映出瓣形長短。在購買時，可要求賣家提供不同場景、不同角度的圖片，以便準確瞭解花朵的形態和色澤。如賣家提供的是側逆光或逆光拍攝的圖片，則可請賣家提供順光拍攝圖片；如賣家提供的是完全正面圖片，最好請他再提供側面或斜一點拍攝的圖片。

下面是一些同一品種蘭花經圖片美化法後的對比圖。

建蘭富山奇蝶順光拍攝時色澤較為真實，逆光拍攝時色澤被美化（圖 1-2-29、圖 1-2-30）。

採用黑色背景時拍攝的建蘭西海錦色澤較為真實，採用黃色背景時拍攝的建蘭西海錦色澤被美化（圖 1-2-31、圖 1-2-32）。

圖片如經過後期調色美化，則再醜的花也可「美若天仙」（圖 1-2-33 至圖 1-2-35）。

圖 1-2-29　順光拍攝的建蘭富山奇蝶

圖 1-2-30　逆光拍攝的建蘭富山奇蝶

圖 1-2-31　黑色背景拍攝的建蘭西海錦

圖 1-2-32　黃色背景拍攝的建蘭西海錦

27

圖 1-2-33　調色美化後的蓮瓣蘭滇梅

圖 1-2-34　色澤真實的蓮瓣蘭滇梅

圖 1-2-35　捧瓣
（正面拍攝，中間那朵捧瓣看起來較短，
上下兩朵可真實反映出捧瓣長度）

5. 以弱充壯法。網路上賣的蘭苗，很大一部分是較弱的苗，也即所謂的「生意苗」。因為許多人在網上購花時只關注苗數，而忽略了苗情。養過蘭花的人都知道，壯苗不但好養，而且發芽率也高，所以不論是從長遠的經濟角度還是從近期的觀賞角度考慮，應儘量以購買壯苗為好。賣家在介紹品種時，如註明是「引種苗」，則多為弱苗；如說苗株「清秀」（圖 1-2-36），這也是較弱苗的「雅稱」。如賣家未做文字說明，蘭苗的壯弱僅由觀察圖片往往難以判斷。因此，最好在購買前瞭解欲購品種一般的葉片數、葉長、葉寬，再對比賣家提供的資料，就可知道其所售蘭苗的壯弱。同一個品種，若葉片較正常的數量多且較長較寬，假鱗莖較大，葉甲綠而不枯黃，即為壯苗（圖 1-2-37）。

圖 1-2-36　春蘭下山新品
（如此「清秀」的蘭株，需要一段
較長時間的復壯過程）

圖 1-2-37　知足素梅
（此知足素梅較該品種正常的葉要長些闊些，
如此壯苗是引種的首選）

🌿 第三節　蘭盆的選擇

一、蘭盆選擇的核心問題

　　蘭盆的選擇，首先，要考慮有利於蘭花的生長；其次，因蘭花是供人欣賞的，因此蘭盆要儘可能美觀，且應與所植蘭花株型相協調；第三，要根據自己的經濟條件來選擇。

　　蘭盆是蘭根的「家」，蘭根最主要的特性是喜透氣、怕積水。在濕潤的情況下，蘭根長得較好；在積水的情況下，蘭根很容易腐爛；若過於乾燥，蘭根則會枯死。因此，對蘭盆的選擇，最核心的問題是所選蘭盆可保持植料處於濕潤狀態的時間最長，處於過濕或過乾的時間最短，這與蘭盆的材質以及大小有很大的關係。當蘭盆材質透氣性好或蘭盆較小時，在澆水後，蘭盆中的植料可較快地從過濕狀態進入濕潤狀態；反之，當蘭盆材質透氣性差或蘭盆較大時，植料在澆水後保持過濕狀態的時間較長，一旦這種過濕狀態持續的時間超過蘭根能耐受的範圍，就會引起爛根。當然，蘭盆透氣性好或蘭盆較小時，植料進入過乾的時間要較蘭盆透氣性差或蘭盆較大時快些，但只要能做到適時澆水，就不會影響蘭根的生長。明白了這一道理，方可選好蘭盆並處理好蘭盆與植料的關係。

二、常見蘭盆及特性

　　1. **瓦盆、素燒陶盆。**瓦盆（圖 1-3-1）、素燒陶盆（圖 1-3-2）透氣性較好，是養蘭效果最好的盆，且價格低廉，但美中不足的是其觀賞性較差。有的素燒陶盆雖外觀粗糙，但卻有一種古拙之美，因此，也受到一些蘭友的喜愛。

圖 1-3-1　瓦盆
（「我很醜，但我很溫柔」。
瓦盆雖不好看，但養花效果好）

圖 1-3-２　素燒陶盆
（素燒陶盆因有一種古拙之美，
仍受到一些蘭友喜愛）

2.**紫砂盆**。紫砂盆（圖 1-3-3）是家養蘭花最常見的蘭盆，其透氣性尚可，雖略遜於素燒陶盆和瓦盆，卻優於塑料盆和瓷盆。紫砂盆欣賞性強，適於家庭擺設，但價位較高。有一種紫砂盆，因其盆壁吸水性好，盆裏的水會因虹吸作用而從盆的內壁滲透到外壁，彷彿出汗一般，故被稱之為「出汗盆」（圖 1-3-4）。出汗盆更適於養蘭。

3.**塑料盆**。塑料盆（圖 1-3-5）是目前養蘭最常用的蘭盆之一，其透氣性差，價位低，適於規模較大的養蘭場所。一般多用較小的塑料盆植蘭，以免積水爛根。

圖 1-3-3　紫砂盆
（紫砂盆溫潤典雅，更能烘托出蘭花高雅的氣質）

圖 1-3-4　出汗盆
（出汗盆無論是透氣性還是觀賞性，都是相當理想的）

4. 瓷盆。瓷盆（圖 1-3-6）透氣性雖較差，但較為美觀。用瓷盆養蘭要選擇特別透氣瀝水的植料且盆宜小不宜大，以彌補其透氣性差的缺陷，避免因積水而引起爛根。

圖 1-3-5　塑料盆

（塑料盆價格低廉，適於蘭花商品化生產使用）

圖 1-3-6　瓷盆

（瓷盆較為美觀，但透氣性差是它的致命缺陷）

三、蘭盆選擇的依據

雖說各種蘭盆因材質的不同，對蘭根的生長有不同的影響，但由於蘭盆材質的不足可由植料的透氣瀝水性以及盆的大小得到一定程度的彌補，因此，家養蘭花可根據自己的喜好和經濟條件來選擇蘭盆（圖 1-3-7）。如果養蘭數量不多且經濟條件許可，則可選用紫砂盆，甚至是高級的紫砂盆。

蘭盆的大小選擇，首先，要從蘭盆的材質以及植料的透氣瀝水性綜合考慮。蘭盆透氣性好或植料透氣瀝水性好，盆可大些；蘭盆透氣性差或植料透氣瀝水性差，則盆應小些。

其次，要考慮養蘭環境的光照、通風等情況。光照、通風條件較好，盆可

圖 1-3-7　普通陶盆

（普通陶盆價位不高，但其觀賞效果尚可，是大眾養蘭較好的選擇）

大些；光照、通風條件較差，則盆應小些。

最後，要考慮蘭花株型和苗情。作為栽培，一般最好採用大小統一的盆；但如作為裝飾擺設，還應考慮蘭盆與株型的匹配問題：蘭株較大則盆應大些，蘭株較小則盆也要小點，這樣方顯協調之美。

此外，如蘭株較健壯，則盆可大些；如蘭苗較弱小，則盆應小些（圖 1-3-8）。切忌大盆種小苗（圖 1-3-9），這不僅僅是考慮到美觀問題，而是因為弱苗的水分蒸騰作用較弱，且其根對植料過濕狀態的耐受力也弱。

蘭盆的形狀，有方的有圓的，有深的有淺的，有直筒狀的有中間鼓大的，這與不同時期不同地域的審美觀以及民俗等都有關（圖 1-3-10）。

民國時期，江浙地區多採用直徑與深度大致相同的陶盆或紫砂盆，它們至今仍受到一些蘭友的喜愛；現在，這一地區最常用的蘭盆大多為口稍大底略小、腰平直的高盆。總之，蘭盆的形狀只要自己喜歡就好。

不過，如選擇不同形狀的蘭盆，最好盆的內體積差不多，這樣所盛的植料差不多，乾濕的變化情況也差不多，便於統一澆水（如用闊口淺盆，因植料暴露在空氣中的面積大，水分蒸發量也大些，體積可適當大些）。

圖 1-3-8　蘭株大小與蘭盆相匹配，
　　　　　顯得優美雅緻

圖 1-3-9　蘭小盆大，頗不協調，
　　　　　影響觀賞效果

（a）各種造型的紫砂盆

（c）民國時期江浙地區流行的養蘭瓷盆
（仿品）

（b）六角形普通陶盆，也很別緻

（d）這種形狀的盆在江浙地區自古
以來就深受養蘭人的喜愛

（e）這種闊口淺盆，水分容易蒸發，
可適當選擇稍大點的

圖 1-3-10　各種蘭盆

🌿 第四節　養蘭環境的改造

　　蘭花的「老家」是在熱帶亞熱帶林區的山岩間或山坡上，那裏有樹木遮陰，冬暖夏涼，氣候溫和，林間空氣濕度高，土壤排水性好，是蘭花的「快樂老家」（圖 1-4-1）。在這樣「養尊處優」的環境中時間久了，蘭花便形成了四大生長習性：

　　一是喜溫暖忌炎熱，氣溫過高（超過 30℃）蘭花便停止生長，甚至會引發炭疽病等，過低的氣溫也不利其生長，甚至可能被凍死；

　　二是只要中等強度的光照（相當林間樹葉間灑下的花花陽光）就可滿足其生長，過強的光照對蘭花而言沒有特別的意義；

　　三是喜歡濕度大的環境，過於乾燥不利於其生長；四是蘭根喜濕潤，怕土壤積水。

圖 1-4-1　蘭花生長於氣候條件宜人的山林中

　　養蘭實踐告訴我們，較大的空氣濕度雖然有利於蘭花生長，但濕度小些對蘭花的生長影響也不是很大。對於家庭養蘭而言，關鍵是要解決環境條件中的溫度問題。中國福建以南地區，夏季氣溫太高，應採取遮陰或其他降溫措施，如用空調或水簾降溫等；福建以北地區，則要解決冬季氣溫太低、蘭花容易受凍的問題，通常的做法是將蘭花搬到室內防凍。

一、陽台的改造

　　陽台，是大部分城市居民養蘭的主要場所。不同朝向的陽台，因其接受陽光的程度和時間完全不同，因此對其改造的程度和方法也不同。

　　朝東的陽台，太陽一出來就可接受到陽光，至中午後太陽就照不到了（圖 1-4-

2）。所以，朝東陽台雖可用於養蘭，但在氣溫超過 28℃以上就要遮陰，遮陰一般在晚春、夏季及早秋季節進行，其他時間基本不用遮陰。

朝南陽台，冬季陽光可以照到整個陽台，夏季陽光只能照到部分陽台。如朝南陽台東側和西側是敞開的，則還要解決好這兩側夏季光照問題（如遮陰或種些枝葉較茂盛的攀援植物都可以）；如其東側和西側是封閉的，則不需任何改造，就可以養蘭了。總之，朝南陽台是居家養蘭最理想的場所（圖1-4-3）。

朝西陽台，其接受陽光情況正好與朝東陽台相反，即上午沒有陽光，下午有陽光照射。由於下午環境中的氣溫較高，這時接受陽光，無異於火上澆油，因此朝西陽台養蘭條件比朝東陽台差些。

不過，只要能做好高溫時（晚春、夏季及早秋）遮陰工作，朝西陽台也可用於養蘭。

圖 1-4-2 朝東陽台
（朝東陽台，上午陽光可照射到，下午則沒有陽光照射）

圖 1-4-3 朝南陽台
（人喜朝南而居，蘭與人同，朝南陽台是居家養蘭最理想的場所）

朝北陽台養蘭在冬季蘭花需要陽光時照不到，而炎熱的夏季太陽又光顧，因此最不適合養蘭，一般不用於養蘭。但朝北陽台如果能做好夏季的遮陰工作，則也可用於栽培需光相對較少的寒蘭。

南方地區陽台養蘭，如陽台朝南，基本可以讓陽台敞開，不用改造；如陽台朝東或朝西，則可讓陽台半敞開（圖 1-4-4），即高溫季節用掛竹簾或遮陽網等辦法遮陰；如果陽台臨江而風大，則還要封閉陽台。北方地區冬季氣溫低，加之空氣濕度也小，為防寒保濕，還是要將陽台封閉（圖 1-4-5）。

圖 1-4-4　半敞開式陽台
（半敞開式陽台也有一定的防風保濕及夏季遮陰等作用）

圖 1-4-5　封閉式陽台
（封閉式陽台可防風防寒，但夏季要注意通風，避免悶熱）

二、蘭棚蘭室的建造

在農村房前屋後的庭院或城市屋頂養蘭，都需要搭建蘭棚或蘭室。蘭棚或蘭室的建造，要根據周邊的環境條件（包括安全條件）以及經濟條件等來決定。常見的蘭棚或蘭室主要有以下幾種形式。

1. 敞開式簡易蘭棚。即蘭棚四周是敞開的，只在四個角上立柱，上方掛兩層遮陽網（遮光率 65%～80%）。這種棚防盜性差，但建造費用低。在颱風多發地區，要注意安全。

2. 半敞開式蘭室（圖 1-4-6）。蘭室四周用磚或水泥塊砌成 2 公尺左右高，或用鍍鋅管、木條等圍成四周柵欄形的蘭室，頂部掛兩層遮陽網或在遮陽網上方搭弧形陽光板擋雨。半敞開式蘭室安全性較敞開式簡易蘭棚高，但費用也高些。

3. 全封閉式蘭室（圖 1-4-7）。全封閉式蘭室有多種建造形式，如四周用磚混結構加木窗，或四周用磚混結構加鋁合金窗，或全部用鋁合金玻璃結構等，其屋頂上方

（a）磚混結構半敞開式蘭室

（b）鍍鋅管結構半敞開式蘭室

（c）木結構半敞開式蘭室

（d）屋頂半敞開式蘭室（室頂搭陽光板）

（e）屋頂半敞開式蘭室（室頂敞開）

圖 1-4-6　各種半敞開式蘭室

（a）鋁合金結構封閉式蘭室

（b）裝有水簾的封閉式蘭室，夏季啟用，可明顯降低蘭室內溫度

圖 1-4-7　全封閉式蘭室

有遮陽網。在全封閉式蘭室內有的安裝有水簾或空調、風扇，有的甚至還安裝了現代
化的智能溫濕度控制系統等。

　　蘭棚或蘭室養蘭，一般還要搭建盆架。盆架可用木材或鍍鋅管、鋁合金、不鏽鋼
等製成。木材盆架保濕性好，但易腐爛，因此，現在蘭室內養蘭盆架多採用鍍鋅管、
鋁合金、不鏽鋼等材質。用鍍鋅管成本低，但欠美觀（圖 1-4-8）；用鋁合金、不鏽
鋼成本較高，但較美觀。

圖 1-5-8　植料結構緻密
（植料以腐葉土、泥炭土為主，加少量樹皮，透氣性不良）

圖 1-5-9　植料結構差
（植料主要成分為分化石粒加泥炭土等，明顯板結）

　　2. **保水性適中。**保水性較強的植料（如植金石、腐葉土、珍珠岩等），與保水性較弱的植料（如蛇木屑、磚粒、塘基石等），混合比例須適當，方可配出保水性適中的混合植料。如混合後的植料保水性過強或過弱，均不利於管理和蘭花的生長。如果植料保水性較強，而植料間的結構良好（植料呈顆粒狀或結構蓬鬆），則不容易積水，且有利於植料保持較長時間處於「潤」的狀態。但如果植料保水性較強，而植料間結構又不理想，則很容易造成積水（圖 1-5-10）；相反，如果植料保水性較差，而植料間的結構良好（呈顆粒狀或蓬鬆狀），則植料處於「潤」的時間過短，容易因太

乾燥而造成空根（圖 1-5-11），樹皮、花生殼、石子等植料本身不大吸水，植料間結構較疏鬆，就很容易出現這種情況。

　　3. **肥性溫和**。蘭花無須太多的養分，因此植料不必過肥。如果養蘭植料肥性過烈，很容易把蘭根漚爛。市場上銷售的泥炭土植料，因其肥性較烈，只可少量摻用（圖 1-5-12、圖 1-5-13）。

圖 1-5-10　植料保水性較強
（以腐葉土、泥炭土、沙等為主，加少量樹皮的植料保水性較強，
植料間結構又不理想，透氣瀝水性差，容易積水而造成爛根）

圖 1-5-11　花生殼植料
（花生殼本身保水性差，加之花生殼間結構也較疏鬆，因此
以花生殼為主的植料容易乾，特別要注意勤澆水）

圖 1-5-12　泥炭土植料
（以泥炭土為主的植料，肥性過烈，蘭根必被漚爛）

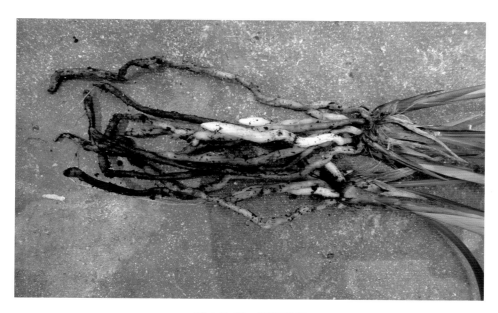

圖 1-5-13　漚傷蘭根
（以磚粒、塘基石、岩石粒等顆粒植料為主，加少量泥炭土，
蘭花根接觸到都是肥性烈的泥炭土，容易被漚傷）

　　4. 有機植料充分腐熟。有機植料經過腐熟，其理化性狀發生變化，吸水性增強，養分也容易吸收了，同時，也可避免有機植料在腐熟過程中可能產生的有害成分對蘭根的傷害。鋸末等有機植料未經腐熟作植料，初養時蘭花生長不錯。但在使用一段時間後因植料腐化（發酵）產生熱量，使根部生長停滯而變短尖、根尖被燒黑，最終必然影響蘭花生長引起空根（圖 1-5-14）。樹皮、花生殼等有機植料也要經過腐熟處理。

45

圖 1-5-14　空根
（未腐熟的花生殼作植料，容易引起蘭花空根）

🌿 第六節　常用植料及配製

養蘭植料選配對了，養蘭就等於成功了一半。因為植料選配得當，澆水不容易出問題，蘭根長得好，苗也就長得壯；若植料選配不當，則澆水容易出問題，最終往往導致養蘭失敗。

一、常用植料

如前所述，對於蘭花植料的要求是：單一或經過混合配製能形成植料間良好的結構，透氣瀝水，同時可較長時間地保持植料處於「潤」的狀態；植料不含傷根的有害化學成分。只要能達到此要求，不管什麼物質都可以試用，各地可就地取材。但應先試用一兩盆，不要貿然全部採用新植料。

依此標準，人們經過長期的實踐，找到了不少可用於養蘭的植料。例如：成型顆粒土、腐葉土、腐熟栗樹葉、腐熟松樹皮、腐熟花生殼、磚粒、分化岩石顆粒、窯土、粗沙礫，以及農家火燒土、煤渣顆粒（蜂窩煤燒後篩去粉）、食用菌廢料等都是良好的植料。此外，人們也生產或加工出一些用於養蘭的商品植料，如植金石、塘基石、珍珠岩、仙土等。

目前，養蘭常用植料有以下幾種：

1. **成型顆粒土**。一般泥土顆粒浸泡在水中不長時間就會散開，而成型顆粒結構較堅固，泡在水中能保持較長時間不散開。成型顆粒土以產於浙江新昌的小將土最為著名，廣東地區常用的塘泥塊也屬此類。此外，山上可能由蚯蚓排出的糞便等較為堅

硬，也可用。還有蘭友發現自來水廠沉澱的泥經曬乾後篩出的顆粒，也較堅固，可用
於養蘭，其原因可能是自來水廠在消毒自來水過程中添加了一些消毒劑。成型顆粒土
的優點是瀝水性、保水性均較好且土質本身蘊含全面的養分，是理想的養蘭植料。成
型顆粒土可單獨使用，也可與其他植料混用，用前要篩去粉末（圖 1-6-1 至圖 1-6-3）。

圖 1-6-1 小將土
（產於浙江新昌的小將土）

圖 1-6-2 塊狀糞便
（山上取回的可能由蚯蚓排出的塊狀糞便）

圖 1-6-3 沉澱泥
（曬乾後用於養蘭的自來水廠沉澱泥）

2. 腐葉土（圖 1-6-4）。腐葉土指深山林下由落葉經長年累月化成的泥土，也稱
山皮土。這種土較為疏鬆，用手一握會緊成團，鬆開手則土也散開。取腐葉土時最好
連腐葉及小枯枝一起取回，以更好地保持腐葉土疏鬆的結構。腐葉土相對而言較疏
鬆，養分也足，是養蘭理想的植料。但最好不要單一使用腐葉土，在其內摻些可使其
蓬鬆的植料，如珍珠岩、蛇木屑、椰糠粉等，則養蘭效果更佳。

圖 1-6-4　腐葉土

　　3. **腐熟栗樹葉**（圖 1-6-5）。腐熟栗樹葉是指山上殼斗科櫟屬的櫟樹（貴州等地又叫青岡樹）的樹葉。取回的腐熟栗樹葉最好經高溫蒸煮半小時左右，以殺害蟲。然後取出待冷卻後，放進塑料桶或塑料袋內密封，置於陰涼處腐熟 3~6 個月，取出呈黑褐色，即可使用。

　　　　　　　　　　　　　　圖 1-6-5　腐熟栗樹葉

（a）花生殼

（b）為加速腐化，可將新鮮花生殼煮一煮

（c）花生殼未腐熟時浸泡水中一段時間，
水呈黑褐色

（d）花生殼浸泡水中一段時間，
至水清澈無色時方可用

圖 1-6-6　腐熟花生殼

　　雲南地區廣泛使用腐熟栗樹葉作植料養蘭。腐熟栗樹葉的優點是透氣瀝水，同時也有充足的養分。使用時，一般摻少量珍珠岩等顆粒植料混用。

　　4. **腐熟花生殼**（圖 1-6-6）。可將花生殼裝編織袋內，淋入水，扎口後置露天經風吹日曬半年至一年。用前泡水，初時水呈黑褐色，換水後再泡，泡至水清方可用。如量少也可經煮後再泡，同樣要泡到水清才能用。台灣廣泛採用腐熟花生殼養蘭，福建南靖也普遍使用，可單用也可混用。腐熟花生殼易乾燥，要注意及時澆水。

　　5. **腐熟松樹皮**（圖 1-6-7）。可去松樹林下，取自然落下經腐熟的松樹皮。如是生松樹皮，則要經過加水後裝袋密封腐熟一段較長的時間，方法與其他植料腐熟方法相同。腐熟松樹皮本身結構疏鬆，具一定養分，但易乾燥，最好與保水性較好的植料（如珍珠岩、植金石等）混合使用。

　　6. **植金石**（圖 1-6-8）。植金石是由日本研發的高級蘭花培養植料，其乾燥時浮於水面，吸水後沉入水中。植金石不但具有顆粒植料疏水性好的特點，同時其顆粒內為多孔蜂窩狀結構，保水性較強，兩者達到完美的統一，被稱為「會呼吸的植料」，是目前最為理想的養蘭植料。

　　植金石可單獨使用，也可與其他植料混用。其不足之處是價格較高。植金石在使用前要浸泡透，至下沉方可用；如一時急用，可用開水泡。

圖 1-6-7　自然腐熟的松樹皮

　圖 1-6-8　浸泡水中的植金石

7. **塘基石**（圖 1-6-9）。塘基石是經過加工製成的顆粒植料。其特性與磚粒相似，保水性差，使用效果一般，可少量混用；優點是價格低廉。

8. **火燒土**（圖 1-6-10）。火燒土是一種圓形顆粒植料，由泥土經澆製而成。其內部結構疏鬆、多孔隙，水泡不散，具有良好的保水性和透氣性；理化性質與磚粒相似。

圖 1-6-9　塘基石

圖 1-6-10　火燒土

9. 珍珠岩（圖 1-6-11）。珍珠岩是由酸性火山玻璃質熔岩(珍珠岩)經破碎後篩分至一定粒度，再經預熱，瞬間高溫焙燒而製成的。珍珠岩顆粒內部呈蜂窩狀結構，因此保水性較好。珍珠岩常作為園藝上育苗基質，其用於養蘭時，可摻入腐葉土中，增強透氣瀝水性。

10. 仙土（圖 1-6-12）。仙土是一種取四川峨眉山等地地下腐殖土，加工成不同

圖 1-6-11　珍珠岩

　　圖 1-6-12　仙土

規格的顆粒植料。仙土養分全面，肥性足，不可多用，否則易引起根發黑，一般作混合用且用量不宜超過 35%。仙土用前必須浸泡至發軟，掰開顆粒，見其中心已濕潤方可用；如一時急用，可用開水或溫水泡。

二、植料配製

某一種植料往往既有其優點也有其不足之處，若用兩種或兩種以上植料混合配製，則可取長補短，使植料具有更理想的特性，達到前述的植料原則要求。例如：有些本身不大吸水的植料保水性差、比較「燥」、容易乾，而一些植料本身保水性強、比較「濕」，將二者混用，就能保證混合植料持水性適中。總之，植料的選配就是要將不同特性的植料，經過優勢互補、取長補短，達到選配的要求。

養蘭植料的選配無定方，只要達到要求就可以試用。但有些植料配方經過蘭友長期的實踐，證明養蘭效果良好，可資借鑑。

下面介紹幾種實用的植料配方（按體積比例），以供參考（圖 1-6-13）：

（a）70%植金石+30%仙土

（b）35%火燒土+30%塘基石+35%仙土

（c）70%小將土+30%植金石

（d）浙江蘭友用 100%小將土養出的春蘭定新梅

圖 1-6-13　實用的植料配方（1）

（e）70%腐熟松樹皮+30%植金石　　　　　（f）70%腐熟松樹皮+30%珍珠岩

（g）70%腐熟栗樹葉+20%磚粒等顆粒+10%珍珠岩　　　　（h）雲南蘭友用腐熟栗樹葉
為主養出的蘭根

（i）35%腐葉土+25%磚粒+25%珍珠岩+15%蛇木屑

　　　　圖 1-6-13　實用的植料配方（2）

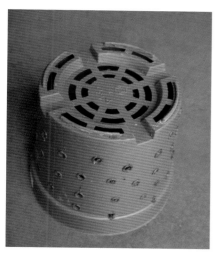 

（e）直至小塑料盆四周都戳上孔為止　　　（f）使用時將自製疏水罩放在盆底孔洞上方即可

圖 1-7-3　自製疏水罩（2）

🌿 第八節　蘭花澆水

　　傳統養蘭採用普通土壤栽培，極易因積水而導致爛根，因此，有些人認為養蘭很難，並有「澆水三年功」之說。現在養蘭大多採用顆粒植料，這在很大程度上解決了「澆水難」這個問題。但是，這個問題現在還沒有完全解決，蘭花爛根或空根的現象仍時有發生，因此蘭花澆水依然是一項很有技巧性的工作。

一、蘭花澆水時間的判斷

　　蘭花澆水後，植料處於「濕」的狀態，之後隨著水分蒸發，進入「潤」的狀態，再後來進入「燥」的狀態。一般來說，最適於蘭花生長的是植料處於「潤」的狀態。給蘭花澆水的關鍵就要在植料剛從（或者說正從）「潤」進入「燥」的時候給植料補充水分。這個「時候」當然不是指一個準確的時間點，它可以是一小段時間，即蘭花能耐受的水分稍多或稍缺的範圍內（其範圍的大小與植料的優劣有關）。超出這一範圍，過早或過遲澆水就可能使植料過濕或過乾，從而導致蘭花爛根或空根（圖 1-8-1、圖 1-8-2）。

　　道理雖很容易明白，但實際操作起來卻不大容易。難就難在無法正確判斷植料剛從「濕」進入「燥」的狀態的「時候」，因為盆中植料乾濕狀況無法直接觀察到。

　　蘭花植料中水分的多寡變化的過程，實質上就是水分蒸發的過程，而水分的蒸發速度與所採用的植料、蘭盆質地與大小，以及環境條件（氣溫、空氣濕度、風等）有關。因此，蘭花到底多少天澆一次水並沒有一個固定的時期，只能根據自己所採用的植料、蘭盆大小和質地，以及天氣條件等來決定。一般來說，採用保水性差的顆粒植料、瓦盆或盆較小、夏季或風大等，澆水次數都要多些；反之，澆水次數就要少些。

圖 1-8-1　植料太濕導致蘭花爛根　　　　圖 1-8-2　植料太乾導致蘭花空根

　　除此以外，澆水時還要兼顧蘭花不同生長期對水分的不同需求：春夏之際蘭花處於生長旺盛期，需水量較大，植料應稍偏濕些；冬季蘭花生長處於休眠期，需水量小，植料應稍偏幹些。在風較大的地方養蘭或採用容易乾燥的植料，可用水苔覆蓋盆面，這樣會明顯減緩盆內植料水分蒸發（圖 1-8-3）。

　　有如此多的因素影響著蘭花植料的乾濕狀況，使判斷蘭花適宜澆水時間顯得十分困難。對此，可採取以下 3 種方法來判斷澆水的適宜時間。

　　1. **倒盆觀察法**。即在沒有把握蘭花是否要澆水時，倒盆觀察盆中植料乾濕狀況。透過幾次的倒盆，可不斷積累經驗，更好地摸索出在採用這樣的植料、這樣的盆、放在這樣的地方、在這樣的天氣下，大概經過幾天植料可能進入「燥」的狀態。這種方

圖 1-8-3　水苔覆蓋盆面

法對初學養蘭者快速提高澆水技藝特別有效。不過，倒盆對所植蘭花的自然生長有影響。因此，如自己栽培的蘭花較為名貴，可用同樣植料、同樣盆，種上普通蘭花（也可不種），放在同樣地方，供倒盆觀察用。倒盆觀察法操作雖較繁瑣，但卻是積累經驗的捷徑（圖 1-8-4）。

2. **間接參照法**。即透過間接托盤裏的水分蒸發情況或觀察盆面植物（翠雲草等）生長狀況，大致判斷蘭花澆水適宜時間（圖 1-8-5）。托盤裏的水分從澆水時滿滿

圖 1-8-4　倒盆操作

（a）採用托盤盛水，既可增加空氣濕度，　　　　（b）採用托盤盛水，最忌盆底植料接觸水分，
　　　又可為澆水提供參照　　　　　　　　　　　　　　一直處於濕漉漉狀態

圖 1-8-5　托盤盛水

的，經過蒸發後不斷減少，其水分變化綜合反映了影響水分蒸發等諸多天氣因素的變化。因此，結合倒盆觀察，就可找到澆水的參照物。如經過倒盆發現，托盤中的水剩1/3時，盆裏的植料馬上就要乾了，那麼以後只要觀察到托盤裏的水剩1/3時就可澆水。此種判斷澆水方法大大提高了給蘭花澆水時間判斷的準確性。此外，盆面植物的生長狀況也可直接反映盆中植料的乾濕狀況，如盆面植物萎蔫，則說明植料已過乾（圖1-8-6）。

3. 扒土窺視法。扒土窺視法是指在無法判定蘭花是否要澆水時，可撥盆面植料兩三公分深，觀察其乾濕狀況：如植料已較乾，應立即澆水；如植料還較潤，可稍過一

（a）盆面種植翠雲草既美觀，又可起指示植料水分的作用

（b）盆面種植天胡荽，其效果與翠雲草差不多

（c）盆面自然生長的小草，也可起到指示植料水分的作用

（d）盆面青苔可靈敏地反映盆上面一層植料的乾濕情況（青苔多用於土質植料）

圖 1-8-6　間接參照法

兩天再澆。扒土窺視法，操作簡單且很管用（圖 1-8-7）。

　　除上述方法外，還有蘭友採用透明蘭盆觀察法（圖 1-8-8）、蘭盆稱重法（圖 1-8-9，依蘭盆的重量決定是否澆水）、牙籤插盆法（根據牙籤被浸濕的程度決定是否澆水）等來判斷是否要給蘭花澆水。這些方法大多用於養蘭初期。其實，養蘭時間久了，根據蘭花生長所處的生長期和天氣狀況，大致就會知道什麼時候該澆水了。

圖 1-8-7　扒土窺視法

圖 1-8-8 透明蘭盆觀察法

圖 1-8-9 蘭盆稱重法

二、蘭花澆水的用水

澆蘭花的水，用不受污染的井水、河水或自來水都可以。在中國絕大多數地區，城市養蘭可直接用自來水澆，用不著像許多書上說的必須放置一兩天再澆。在一些水質較差或添加較多水質處理物質的地區，則可將水先放一兩天再澆，這樣對蘭花較有好處。台灣有蘭家用充氧的水澆蘭花，其效果有待研究（圖 1-8-10）。

圖 1-8-10　有氧水

三、蘭花澆水方法

蘭花具體澆水的時間，以早晨 7～9 時為好，冬季還可以再遲些，待水溫稍高些再澆更好。早晨澆水後，氣溫很快就會進入白天較高的狀態，水分的蒸發也較快，有利於縮短植料處於「濕」的狀態的時間，較快進入「潤」的狀態。

至於澆水方法，家庭養蘭用軟管、灑水壺等澆均可（圖 1-8-11、圖 1-8-12）。值得注意的是，在陽台養蘭，不少人一見盆底流水，就停止澆水，怕澆多了淋到下層住戶或影響環境衛生。其實，給蘭花澆水最重要的是要多澆一會兒，這樣一則可充分澆透，讓植料多吸水，二則可衝去盆中穢氣。給蘭花澆水，可先將蘭盆放在塑料桶內或洗衣池中澆，澆後再放回原位，這樣就可避免影響下層住戶或環境衛生。如果長期用壺澆，有時會因一兩次太遲澆水而使植料過乾，不容易再吸足水分。所以，非露天養蘭，每隔一兩個月，最好浸盆一次（圖 1-8-13，冬季除外），浸盆時要注意避免病害傳播。

圖 1-8-11　軟管
（裝有噴頭的軟管，一頭可直接套於洗衣機專用水龍頭，十分方便）

圖 1-8-12　噴澆
（噴澆時多澆一會兒，既可讓植料吸足水分，也可衝去穢氣）

圖 1-8-13　浸盆

（採用顆粒植料，每隔一兩個月浸盆一次，有助於植料吸足水分）

第九節　蘭花光照管理

在野外，蘭花大多生長在透光性良好的闊葉林或混交林下，陽光透過樹的枝葉淡淡地灑在蘭花上。在草木茂盛的地方絕沒有蘭花，在裸露的地面上也沒有蘭花。其原因是前者陽光太少，蘭花無法生長；後者是因夏季陽光的暴曬，氣溫太高，蘭花無法越夏。由此，可以得到兩個啟示：其一，蘭花是需要陽光的，而且要有一定的強度（至少也要半陽或半陰），太少的陽光不利於蘭花的生長；其二，是在氣溫較高時，較強烈的陽光提高了環境的溫度，不利於蘭花生長。

一、蘭花光照豐歉的判斷

家庭養蘭，許多養蘭者對蘭花在光照的認識上常有兩個誤區：一是認為蘭花較耐陰，故長期將它放在光照不良的室內或某一角落；一是認為蘭花不怕陽光，就隨便地將它放在樓頂或朝西陽台，夏天任烈日暴曬。其實，許多蘭家的實踐證明：蘭花還是喜歡稍強的陽光，稍強的陽光對蘭花生長有益無害。雖然在理論上就光合作用而言，半陽就可滿足蘭花生長需要，但較強的陽光可殺滅病菌，促其發芽開花，尤其是氣溫低時，陽光可提高氣溫，效果更明顯。當然，其前提是在氣溫較低（不高於 28℃）的情況下。否則，在高溫下再給予陽光，將導致氣溫過高，不利於蘭花生長。也就是說，蘭花要不要給以光照，主要是看其生長的環境溫度：溫度低於 28℃，可給以光照；溫度高於 28℃，就要遮陰。

具體而言，冬季氣溫低，最好給全光照；春秋季節，一般可給全光照，只是春末或初秋氣溫高時應加以遮陰；夏天，則要遮陰，最好避開陽光。

江浙蘭家在長期的養蘭實踐中，總結出了一些判斷蘭花是否可給以陽光的簡易方

法：如人站在陽光下感覺舒服，此時蘭花可給以陽光；如感覺燥熱、不舒服，蘭花就不能給以陽光。其原因是人感覺最適的氣溫與蘭花最適生長的氣溫幾乎相同：人在氣溫 28℃ 以下曬太陽，感覺舒服，超過 30℃ 則明顯感覺燥熱、不舒服；而蘭花在 28℃ 以下曬太陽，有利於生長，超過 30℃ 則生長明顯減緩，甚至產生焦尖和黑斑。

　　光照充足時，蘭花生長健壯，呈現其品種應有的葉姿，葉色翠綠而有光澤，發芽率較高，生長速度也較快，易於開花；長期光照不足，蘭花葉片較軟、易折，蘭姿較垂，葉色濃綠，發芽率下降，生長速度減緩，不容易開花；長期光照過強，則葉色較黃，常有黑斑；忽然遭受強光照射，則葉片受傷，產生灼傷斑（圖 1-9-1）。

二、不同放置地點的光照管理

　　一般來說，我國城市居民大多在陽台養蘭。朝南陽台在冬季陽光可以照到整個陽台，而在夏季陽光照不到（只有陽台的東西兩側側面分別在上午或下午會照到）。在朝南陽台養蘭，除了要注意夏季在陽台兩側種植樹葉稍繁茂的植物遮陰外，其他的地方基本上不用遮陰。朝東陽台上午可照到陽光，下午照不到，在朝東陽台養蘭於晚春、夏季及早秋的上午要掛遮陽網予以遮陰（圖 1-9-2）。在朝西陽台養蘭，其他季節尚可，但晚春、夏季及早秋下午光照強烈，也要掛遮陽網遮陰（圖 1-9-3）。朝北的陽台，晚春、夏季及早秋太陽強烈，此時養蘭特別要注意掛遮陽網遮陰。

（a）陽光充足，蘭株健壯，勤於開花

（b）蘭花長期置於室內，光照不足，葉片較軟且枯黃

（c）長期光照過強，葉片枯黃粗糙，缺少光澤

（d）光照太強，葉片產生黑色灼傷斑塊

普通氮磷鉀三元復合肥營養較全面，如俄羅斯產的阿康牌三元復合肥含氮 16%、磷 16%、鉀 16%，且價格低廉，一般稀釋成 2000～3000 倍液作追肥使用。這些無機肥都有潮解性，須用密封容器裝。

2. **園藝商品無機肥**。蘭花上常用的園藝商品無機肥主要有花寶、好康多、魔肥等（圖 1-10-4）。花寶是美國產的一種複合肥，主要含氮、磷、鉀以及一些微量營養元素，使用時可根據蘭花生長發育的不同時期對氮、磷、鉀需求的不同，配成氮磷鉀比例不同的 5 個型號，一般稀釋 2 000 倍後施用。好康多是一種長效緩釋性肥料，有 1 號和 2 號兩類，其氮、磷、鉀配比分別為 14：12：14 和 16：5：10，可於蘭株上盆時均勻撒於盆面，每盆 15~25 粒。魔肥也是一種長效緩釋性肥料，其含氮 6%、磷 40%、鉀 6%、鎂 15%，肥效長達兩年，盆施時只需在盆內或盆面施 5～10 粒，若苗株健壯則可多放些。

3. **自製無機肥**。自製無機肥傳統採用殺雞、鴨、魚等時的下腳料，經 1 年密封腐熟製成，因操作麻煩且不大衛生，現已較少採用。現在雲南蘭友普遍採用羊糞蛋自製無機肥（圖 1-10-5）。羊糞蛋肥性溫和，養分全面，施用效果良好。在使用羊糞蛋前

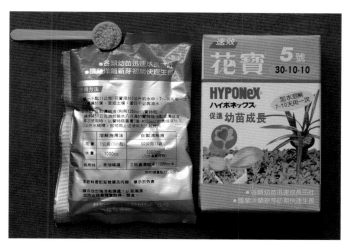

（a）花寶

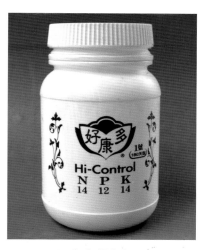

（b）好康多

（c）魔肥

圖 1-10-4　園藝商品無機肥

圖 1-10-5　羊糞蛋

最好先將其腐熟，其方法是：先把鮮羊糞曬乾，再用水泡透，裝進袋子，紥緊袋口密封，過兩三天即可使用；如果急用，也可直接放鍋裏蒸 45 分鐘左右。在上盆使用時抓一把羊糞蛋混入植料中即可，肥效可達半年；也可浸泡後取其液作追肥施用，每月 1 次。現在有蘭友直接用不經腐熟的羊糞蛋給蘭花上肥，據說效果也很好。

4. 園藝有機商品肥。目前供蘭花施用的園藝有機商品肥較多，如日本產的 HB-101、多木，澳洲產的喜碩，中國產的蘭菌王、益蘭菌，台灣產的活水、翠筠等（圖 1-10-6）。使用時可根據蘭花長勢，適當選用。具體使用方法參照各商品肥使用說明書。

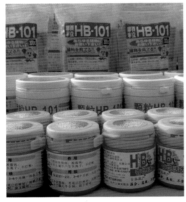
（a）HB-101

（b）多木

（c）蘭菌王

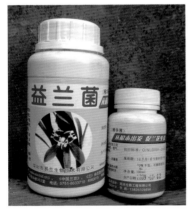
（d）益蘭菌

（e）活水

（f）翠筠

圖 1-10-6　園藝有機商品肥

三、蘭花的施肥量

給蘭花施肥的目的是彌補植料中養分的不足，滿足蘭花植株生長的需要。因此，蘭花施肥量的多少主要應依植料所含的養分量而定，簡單地說就是缺多少補多少。否則，盲目地施肥不但無助於蘭花的生長，而且可能造成肥害。

1. 免施型。採用 100%小將土或塘泥塊等成型顆粒土，或採用大量的腐葉土或腐

葉，其植料中含有豐富且全面的養分，可以不用施肥（圖 1-10-7）。當然，若在蘭花生長旺期噴施一點葉面肥或澆施一點追肥，也不無好處。

2. **補充型**。補充型植料是指植料中含有一定量的土質或有機植料，同時也有部分的無機植料（圖 1-10-8）。這種植料中雖有一定的養分，但不足以滿足植株生長所需，因此必須補充部分養分，尤其在春秋季節蘭花生長旺期更不可少。

3. **依賴型**。依賴型植料中含有較少的土質或有機植料，且大多是無機植料，或者雖含有較大量的有機植料，但其養分釋放少。所以，依賴型植料中可供蘭花生長之需的養分嚴重缺乏，必須完全依賴外界供給，亦即必須施用較大量的肥。如採用純植金石或採用植金石與腐熟花生殼混合的植料等，均屬此類（圖 1-10-9）。

（a）採用成型顆粒土植料，可不用施肥　　　　　（b）採用腐熟栗樹葉為主的混合植料，可不施肥

圖 1-10-7　免施型植料

圖 1-10-8　補充型植料
（採用植金石＋火燒土＋仙土植料，需要適當施肥）

（a）採用純植金石作植料，
其養分完全依賴外界補充

（b）採用鵝卵石+椰糠植料，其養分主要源於施肥
（盆面顆粒肥為好康多）

圖 1-10-9　依賴型植料

四、蘭花施肥方法

一般來說，蘭花的施肥方法主要有以下 3 種。

1.一勞永逸法。一勞永逸法是指施足基肥，以後不再施用，也即在蘭花上盆時施用一些緩釋性長效顆粒肥作基肥，以後則可不用再施肥。如在蘭花上盆時，在每盆盆面放 20 粒左右的好康多，則其後半年內可不用再施肥；若放 8 粒左右魔肥，則其後兩年內可不用施肥。雲南地區有蘭友常將腐熟羊糞蛋作基肥施用，其基肥施用量可根據植料中養分含量多寡及盆的大小酌情增減（圖 1-10-10）。

2. 細水長流法。普通農用化肥以及園藝商品肥等，均可根據其營養成分的含量及肥性，稀釋成一定濃度後作追肥或葉面肥，在蘭花整個生長期經常性施用（圖 1-10-11）。（可根據蘭花不同生長期及不同季節決定施用次數和濃度），普通蘭花，可在

（a）魔肥含磷比例高，有利育壯苗促開花，且效肥長達兩年

（b）雲南蘭友用 60%腐熟栗樹葉+20%蛇木屑+20%顆粒作植料，盆沿埋 20 粒左右生的羊糞蛋，養出的蘭根較健壯

圖 1-10-10　一勞永逸施肥法

圖 1-11-4　獨立小平台增濕降溫

1-11-6）；春蘭、蕙蘭、蓮瓣蘭、春劍耐寒
力較強，短時間可耐受-8～-4 ℃的嚴寒。一
般來說，春蘭、蕙蘭、蓮瓣蘭、春劍在 0 ℃
以上，建蘭、墨蘭在 3 ℃以上就可安全越冬。

　　不同地域冬季的氣溫不同，因此所採取
的防寒防凍措施也不盡相同。

　　江浙以南地區（如閩粵等），一般蘭花
在露天可安全越冬（圖 1-11-7）。如遇特別
冷的天氣（0 ℃以下），應將露天蘭花搬到
陽台或有遮蓋物處，或在其上方搭架加蓋塑
料薄膜，以防霜凍（圖1-11-8）。

　　江浙地區一般在入冬後（根據氣象學的
標準，要連續 5 天平均氣溫在 10℃以下，
才算入冬，長江中下游地區一般在 11 月中
旬入冬），應陸續將不同蘭花種類移入室內
或封閉的陽台，一直到翌年清明前後再搬
出。傳統蘭諺有「春不出」之說，意指春季

圖 1-11-5 建蘭葉片凍害症狀

仍時有寒流，此時蘭花還不能搬出室外，否則可能受凍害。

　　北方地區冬季來得更早些，低溫持續的時間也更長些，蘭花入室的時間可根據當
地氣溫相應提早些，出室時間也可適當推遲些。北方的氣溫比江浙地區更低，即使在
封閉的陽台內，蘭花也難以越冬。北京地區可利用塑料罩封閉陽台，形成了一個類似
溫室的空間，將蘭花置於其中。這種封閉的陽台處於室內與室外之間，其溫度約為二

圖 1-11-6　建蘭淋雪易凍害

圖 1-11-7　露天安全越冬
（江浙以南地區，0 ℃以上）

者的平均值（0～10 ℃），可以滿足蘭花冬季對溫度的要求，有良好的效果。

　　值得注意的是，在有溫室的或在北方有暖氣的地區，千萬不要以為整個冬季晝夜都將氣溫調至蘭花生長的最適溫度，這樣蘭花就會發芽多長得快。這種想法是不對的，因為春蘭、蕙蘭以及蓮瓣蘭、春劍在生長發育過程中，其生理上有一個特點，即要經過一段時間（約 1 個月）的低溫（0～10 ℃，晚上氣溫在此溫度範圍即可）過程，這樣才能開花或開好花，這在植物生理學上稱為「春化」。蘭花春化時間最適時期在小雪至大寒

圖 1-11-8 加蓋塑料薄膜越冬
（江浙以南地區，0℃以下）

之間。蘭花若長期處於最適生長氣溫下（比春化所需的氣溫高），就無法得到充分的春化，進而造成花梗不高，開品不佳，甚至不開花（圖 1-11-9、圖 1-11-10）。

🌿 第十二節　蘭花病害防治

蘭花常見的病害有炭疽病、莖腐病、白絹病、細菌性軟腐病和病毒病。其中，莖

圖 1-11-9　春化不足逸品
（在江浙以南地區，江浙春蘭名品逸品春化不足，
花梗矮，大大降低了觀賞價值）

圖 1-11-10　春化不足劍陽蝶
（在江浙以南地區，雲南蓮瓣蘭名品
劍陽蝶的開品，也因冬季氣溫
較高而導致開品不佳）

腐病、白絹病、細菌性軟腐病和病毒病對蘭花的為害是致命的；炭疽病雖不至於使蘭花枯死，但卻會大大降低蘭花的觀賞價值。因此，對於蘭花的病害要予以高度重視。

一、炭疽病

1. 病原：真菌（刺盤孢）。

2. 為害症狀：炭疽病主要發生於蘭花葉片，最常見的症狀是葉面出現黑色斑點。病斑下陷，有時周圍組織變成黃色或灰綠色。病斑有時也呈褐色。炭疽病有時還表現為葉尖或葉緣乾枯，並出現雲狀圖形（圖 1-12-1）。

（a）炭疽病患株葉片黑色斑

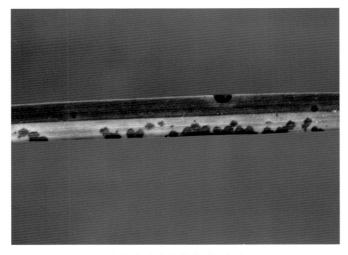

（b）炭疽病患株葉片褐色斑

（c）炭疽病患株葉片乾枯並出現雲紋斑

圖 1-12-1　炭疽病為害蘭花症狀

3. **發病規律**：蘭花炭疽病的發生，首先與天氣有關，高溫高濕天氣易發生；初夏時節雨水多、溫度高，發病重，尤其是環境悶熱時更容易發病（圖 1-12-2）。其次與蘭花本身的抗病力有關，生長不良或偏施氮肥的蘭株容易發病。最後與蘭花品種的特性有關，有些蘭花品種特別容易感病，如建蘭大葉鐵骨素、蕙蘭的金奧素（原名泰素，又稱金嶨素）等。

4. **防治措施**：炭疽病的預防以園藝措施最為重要。有些蘭友採取數天噴一次農藥的方法抑制病菌，實非良策。最好的方法還是要培養壯苗，平時注意均衡施氮、磷、鉀肥，夏季注意遮陰和通風，避免悶熱現象發生，這才是治本之方。如能在蒔養管理上下足功夫，即使不噴農藥預防，也可避免發病。一旦發現炭疽病發生，那就要及早防治，可用特效藥咪鮮胺（圖 1-12-3，商品名「施保功」）1 500 倍液噴灑，1 週一次，連噴 2~3 次。

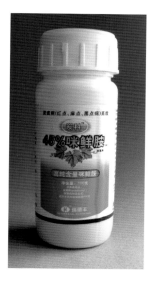

圖 1-12-2 悶熱環境導致蘭花炭疽病暴發　　　　圖 1-12-3 咪鮮胺

二、莖腐病

1. **病原**：真菌（尖孢鐮刀菌）。

2. **為害症狀**：發病初期，表現為蘭花新苗的葉片基部呈水漬狀腐爛、變軟發黑，用手輕輕一拔就可拔起，或者老苗的葉片發黃枯死，或者新苗和老苗同時發病；同時，假鱗莖萎縮、發黑、乾枯或腐爛，根系逐漸腐爛，故本病俗稱「爛頭」「黑頭」。隨著病情發展，蘭花不斷出現枯葉倒苗現象，直至全盆覆沒（圖 1-12-4 至圖 1-12-6）。本病與細菌性軟腐病症狀相似，但本病發病處的液體沒有惡臭味，且不發黏，但僅憑肉眼來區分這兩種病還是有困難的。

3. **發病規律**：蘭花莖腐病是一種毀滅性的病害，蘭友有「談腐色變」之說。此病重在預防。其發病規律與炭疽病相似，好發於高濕高溫天氣。

圖 1-12-4　莖腐病患株老苗枯黃，新苗爛心

4. 防治措施：可採取與炭疽病相同的園藝防治措施，應特別注意植料不可過濕。一旦發現病株，必須立即採取「手術」治療方法（圖 1-12-7）：翻盆，將病株及相鄰的外觀看起來健康的蘭苗（因可能已染上病菌，只是症狀還沒表現出來）分割後棄去，除去爛根，用惡黴靈（商品名「綠亨一號」）、農用鏈黴素（治細菌病，以防診斷有誤）混合液消毒留下的健康蘭株，然後用新的植料重新上盆。特別需要提醒的是，患病盆所用的植料必須棄之不用，否則往往因消毒不徹底而留下後患；患病株所用蘭盆也最好不用，如係名貴蘭盆，必須徹底消毒，並經數月風吹日曬後再用。對於一些不是特別名貴的蘭花品種，也可不翻盆而用以下防治措施：用剪刀剪開病株（多割去與病株相鄰的外觀看起來健康的一苗），然後將病株慢慢拔起棄去，澆入上述消毒用的藥液，之後日常保持植料處於較乾狀態。無論是用於

圖 1-12-5　隨著病情發展，蘭花出現大量枯死苗

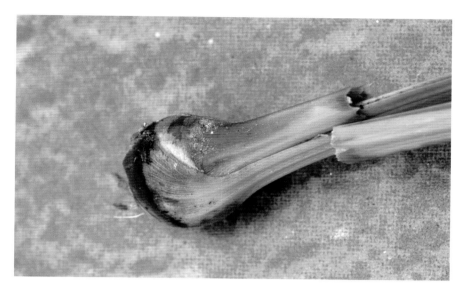

圖 1-12-6　莖腐病患株假鱗莖發黑

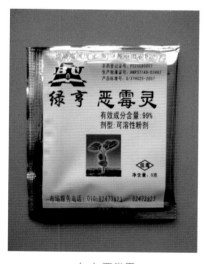

（a）惡黴靈

（b）分離病株

（c）浸泡消毒健康蘭株

（d）重新上盆

圖 1-12-7　蘭花莖腐病「手術」治療方法

消毒還是澆施，藥液濃度可以比說明書上所述的高 2~3 倍。值得說明的是，即使立即採取上述防治措施，也未必一定能保住蘭花性命，只能說是還有希望。

三、白絹病

1. **病原**：真菌（小核菌）。
2. **為害症狀**：常發生於蘭花新芽和幼苗（圖 1-12-8）。發病時先在莖基部出現水漬狀病斑，後來逐漸變成褐色並且腐爛。發病株病部會產生白色絹絲狀的菌絲體，並向周圍植料蔓延，故名白絹病。白絹病病程快，往往一發病，整盆蘭株很快死亡。受害蘭株根部腐爛，空根基部可見油菜子狀白色或藍色、栗褐色的菌核。
3. **發病規律**：蘭花白絹病與炭疽病相似，好發於高溫高濕的梅雨季節。植料呈酸性時，有利於病原菌繁殖生長。

（a）白絹病發病快，往往發病後不久整盆蘭株很快死亡

（b）白絹病患株基部上的白色菌絲體

（c）白絹病患株根繫上的白色菌

圖 1-12-8　白絹病為害蘭花症狀

2.**為害症狀**。為害蘭花的介殼蟲有許多種,如褐圓蚧、盾蚧、粉蚧、糠片蚧等。介殼蟲多寄生在蘭葉葉脈、葉背和葉鞘上,其中以葉基部最為常見(圖 1-13-1、圖 1-13-2),特別是基部葉片內側往往成堆聚集介殼蟲。介殼蟲繁殖能力強,一年可繁殖數代。介殼蟲以刺吸式口器穿入氣孔內吮吸蘭花體液,使蘭花葉片產生黃斑,降低

圖 1-13-1　蘭株基部最容易寄生介殼蟲

圖 1-13-2　花枝寄生介殼蟲

蘭株觀賞價值。介殼蟲為害嚴重時，葉片枯萎，甚至死亡。環境濕度較高且通風不良時容易發生。

3. 防治措施。蘭花介殼蟲的防治，首先是要把好引種關。引種時，應特別注意觀察蘭株上有無介殼蟲。如蘭株上有介殼蟲，但又必須引種，則應將蘭株浸泡半小時左右。防治藥劑可選用蚧死淨、速蚧克、樂斯本（毒死蜱，圖1-13-3）等，濃度可比說明書所示的高一些，並在藥液中加入少量的洗衣粉。因介殼蟲成蟲有介殼，藥物不易滲入，如加入少量洗衣粉，則可增加黏著作用，有利於溶解介殼。其次要做好管理工作。在日常管理過程中，要加強環境通風，保持適當的空氣濕度。最後，一旦發現介殼蟲，要「治早」「治了」，以免蔓延。

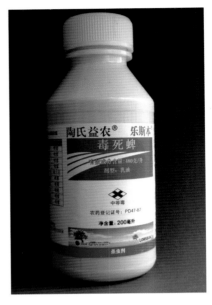

圖1-13-3　低毒廣譜的殺蟲劑毒死蜱

介殼蟲少量發生時可人工去除，用毛刷刷去蟲體，或用牙籤逐個挑除，再用水沖洗，也可以用小棉球浸食醋後輕輕擦拭；大量發生時，則可選在卵孵化若蟲時，選噴上述用於浸泡消毒的農藥（採用較高的濃度），並在藥劑中添加少量洗衣粉。每5天噴一次，連續2~3次，效果較好。

二、薊　馬

1. 蟲體特徵。體型小，長度僅一兩毫米，跟芝麻差不多大。體型呈長紡錘形。成蟲為黑色，若蟲為乳白色或紅色，卵為乳白色。

2. 為害症狀。薊馬主要為害建蘭，因建蘭開花時的夏秋季氣溫較高，適於薊馬繁殖。開得早的寒蘭花朵也可能受薊馬為害，寒蘭開花時，薊馬被蘭花的香氣吸引從周邊環境的草木中飛來。薊馬成蟲或若蟲藏匿於隱蔽處，受驚時快速跑動或振翅飛逃。

薊馬成蟲或若蟲會刺吸蘭花花蕾、花朵液汁，留下灰白色的點狀食痕，使花蕾枯萎或花朵花瓣捲縮乾枯。氣候乾燥時利於薊馬發病（圖1-13-4、圖1-13-5）。

3. 防治措施。家養蘭花數量較少時，

　圖1-13-4　薊馬為害寒蘭症狀

圖 1-13-5　薊馬為害春蘭症狀

一旦在花朵中發現薊馬，可用牙籤將其戳死或壓死。薊馬爬行速度快，操作時動作要沉穩敏捷，否則它們可能跳走或飛走。也可嘗試用煙屑、蒜末等帶刺鼻味的植物浸出液來噴灑，此法操作雖繁瑣，但較環保。薊馬數量較多時，可噴布毒死蜱（樂斯本）、花康 1 號（圖 1-13-6）等殺蟲藥，很容易就可將其殺死。但要注意，薊馬跟介殼蟲不一樣，往往在防治半個月至一個月後又會發生，分析原因，可能是從周邊環境中的其他植物上飛來的。

圖 1-13-6　花康 1 號可用於多種害蟲防治

三、蚜　蟲

1. 蟲體特徵。 蚜蟲體小，體長僅一兩毫米，跟薊馬差不多，但要比薊馬「豐滿」些。體色或黑色或褐色或綠色等（圖 1-13-7、圖 1-13-8）。

圖 1-13-7　蘭花花朵上的蚜蟲成蟲

　　2.　為害症狀。 一般蘭園或陽台養蘭，不大會長蚜蟲。蚜蟲大多從周邊環境中的其他花卉中飛來（圖 1-13-9），如周邊植有菊花、月季等易長蚜蟲花卉，則蘭花就容易被為害。蚜蟲繁殖能力強，一年可繁殖數代至數十代。蚜蟲一般於 3～5 月天氣溫暖乾燥時，群聚在花蕾上，以刺吸式口器刺入植物組織，吸收液汁養分，降低花朵觀賞價值。此外，蚜蟲還會傳播病毒病。

　　3. 防治措施。 首先，要清除蘭花周邊環境中易長蚜蟲的花卉，這是治本之策；

　　其次，採取消滅蚜蟲措施。蚜蟲少量發生時，可用毛筆蘸水或 0.5% 中性洗衣

圖 1-13-8　蘭花花朵上的蚜蟲若蟲

粉液刷掉，也可試用煙屑、蒜末等帶刺鼻味的植物浸出液噴灑；蚜蟲大量發生時，可選噴阿克泰乳油、好年冬乳油、花康 1 號等，每 5 天噴一次，連續 3 次。

圖 1-13-9　蘭株周邊雜草上的蚜蟲

第二章 賞蘭篇

第一節　蘭花香氣鑑賞

一、蘭花香氣鑑賞標準

蘭花的香氣是蘭花鑑賞的重要內容之一。中國傳統文化強調內斂含蓄之美，因此折射在蘭花香氣的鑑賞上以清幽淡雅為上，香氣濃郁或有污穢之氣味則為下，當然，沒有香氣則更不入品。

二、不同種類蘭花香氣鑑賞

我國大部分地區產的春蘭香氣為幽香，堪稱上品；但也有一些地區產的蘭花（如河南、湖北的一些地區）沒有香氣或只有淡淡的草味。總的來說，春蘭中的蓮瓣蘭、春劍的香氣稍淡些，屬幽香；蕙蘭、建蘭的香氣似乎比春蘭香氣直白濃郁點，但也算清幽；大部分墨蘭的香氣較重，欠清雅，但也有清幽者。

寒蘭中的大葉寒蘭，香氣較重；細葉寒蘭（其特徵是捧瓣帶白覆輪）香氣則較淡；在氣溫較低時，細葉寒蘭香氣可增重；有些寒蘭甚至在花朵謝後仍有香氣。豆瓣蘭、大部分洋蘭以及日韓產的春蘭，沒有香氣（圖 2-1-1 至圖 2-1-9）。

圖 2-1-1　春蘭綠英
（春蘭純正的幽香，為「王者之香」的代表）

第二節　瓣形花鑑賞

一般來說，蘭花的花朵是由 3 個外瓣、2 個捧瓣和 1 個唇瓣組成的，各個瓣的形態、色彩以及數量決定了蘭花的觀賞價值與品位。野生蘭花的萼片大多為竹葉形，但有些蘭花萼片較寬闊，捧瓣和唇瓣的形態也與眾不同，花朵給人的整體感覺或似梅

圖 2-1-2　蓮瓣蘭冰美人
（蓮瓣蘭的香氣較為清淡）

圖 2-1-3　蕙蘭大一品
（蕙蘭的香氣品位稍遜於春蘭）

圖 2-1-4　墨蘭桃姬
（墨蘭香氣大多較濃郁，但有些紅色墨蘭香氣較清幽）

圖 2-1-5　闊葉寒蘭下山品
（闊葉寒蘭的香氣較濃）

圖 2-1-6　細葉寒蘭下山品
（細葉寒蘭的香氣較淡）

花，或似水仙花，或似荷花，甚有美感，這些蘭花被稱為瓣形花。簡而言之，以花朵形態為欣賞點的蘭花稱為瓣形花。瓣形花主要有梅瓣花、水仙瓣花和荷瓣花等。

一、梅瓣花

梅瓣花的最主要條件是：萼片頂部呈弧形，過渡柔順而不是尖形（即圓頭）；萼片的邊緣收縮，呈向裏扣捲狀（即緊邊）；萼片基部明顯收細（即收根）。梅瓣花萼片以短圓為佳，但長腳圓頭也可視為梅瓣。瓣緣雄性化增厚（俗稱硬化），並內扣呈口袋狀（即起兜），這是判斷是不是梅瓣的重要標準，捧瓣沒有起兜不算梅瓣；梅瓣花唇瓣短而圓，不後捲。

梅瓣花以萼片短闊收根、捧瓣雄性化適當且合抱、唇瓣含而不捲者為上

圖 2-1-7　豆瓣蘭朱金花
〔純種豆瓣蘭沒有香氣（與其他蘭種雜交者則有香氣）〕

圖 2-3-5　蓮瓣蘭素花

圖 2-3-6　春蘭知足素梅

圖 2-3-7　春蘭新品素仙

圖 2-3-8　蓮瓣蘭永懷素

圖 2-3-9　春蘭天地金星

圖 2-3-10　春蘭白玉素奇

二、色 花

　　色花最主要的條件是：花朵色彩格外鮮豔奪目。常見色花有紅色花、黃色花、朱金色花、黑色花，如春蘭紅塔寶石、春蘭寶光、豆瓣蘭金碧荷、春蘭板橋遺墨等（圖2-3-11 至圖 2-3-14）。蘭花的花朵以綠色花、白色花為多見，故綠色花、白色花一般不歸入色花，除非瓣質特別有美感者，如春蘭白玉仙子，因其瓣質溫潤如玉，故也將其歸為色花（圖 2-3-15）。

圖 2-3-11　春蘭紅塔寶石

圖 2-3-12　春蘭寶光

圖 2-3-13　豆瓣蘭金碧荷

圖 2-3-14　春蘭板橋遺墨

圖 2-3-15　春蘭白玉仙子

　　色花以花色色彩飽和、鮮豔俏美者為上品，如豆瓣蘭紅河谷花朵色彩格外豔麗，為色花上品（圖 2-3-16）；色花中花色晦暗、不夠醒目者，則為下品，如春蘭金荷鼎花朵花色晦暗，為色花下品（圖 2-3-17）。當然，色花與素花一樣，其品位與花朵的瓣形相關甚大。色花瓣形為荷瓣，品位較高，如蓮瓣蘭紅荷（圖 2-3-18）；色花瓣形為荷形，品位尚可，如春蘭中華紅荷（圖 2-3-19）；色花瓣形為竹葉瓣，品位較低，如春蘭久紅（圖 2-3-20）。

圖 2-3-16　豆瓣蘭紅河谷

圖 2-3-17　春蘭金荷鼎

圖 2-3-18　蓮瓣蘭紅荷

圖 2-3-19　春蘭中華紅荷

圖 2-3-20　春蘭久紅

圖 2-3-21　春蘭冠神

三、複色花

複色花最主要的條件是：萼片或捧瓣上有兩種對比強烈的色彩。複色花色彩的分佈有兩種：一種是兩種色彩混雜在一起，沒有明顯的分界線，如花瓣中兩種色彩混雜在一起的複色花春蘭冠神（圖 2-3-21）；另一種是兩種色彩各占據不同的位置，有明顯的分界線，如花瓣中兩種色彩涇渭分明的複色花豆瓣蘭覆輪花（圖 2-3-22）。

複色花以兩種色彩反差大者為上品，如韓國春蘭花瓣中兩種色彩反差大，品位高（圖 2-3-23）；兩種色彩反差不大者為下品，如豆瓣蘭中透花花瓣中兩種色彩反差不大，品位不高（圖 2-3-24）。複色花品位與其花品及花瓣的瓣形相關甚大，如春蘭新品複色花花

圖 2-3-22　豆瓣蘭覆輪花

圖 2-3-23　韓國春蘭複色花

圖 2-3-24　豆瓣蘭中透花

色嬌美，甚為可愛（圖 2-3-25），春蘭鑫荷瓣形為荷瓣（圖 2-3-26），春劍五彩麒麟瓣形為多瓣奇花（圖 2-3-27），這些複色花品位均較高。

圖 2-3-25　春蘭新品複色花

圖 2-3-26　春蘭鑫荷　　　　　　　　　圖 2-3-27　春劍五彩麒麟

圖 2-4-14　春蘭余蝴蝶

圖 2-4-15　春蘭天彭牡丹

圖 2-4-16　蓮瓣蘭金沙樹菊

圖 2-4-17　春蘭江山多嬌

圖 2-4-18　春蘭盛世牡丹

　圖 2-4-19　春蘭玉龍牡丹

春蘭玉樹臨風樹形花花色素麗，有清雅之美（圖 2-4-21）。奇花以瓣數少，奇而不正，色澤晦暗者為下品，如春蘭新品奇花（圖 2-4-22），此奇花比正常花多一瓣且稍有蝶化，但形色均欠佳，品位較低。

🌿 第五節　葉藝鑑賞

有些蘭花的葉片，因某種原因，其色彩、質地、形態發生了變異，或葉面出現異色斑，或葉片出現唇瓣狀色澤，或葉片變得特別短闊等，這些葉片也有美感，往往也受人喜愛。

這種發生了變異且具有美感的蘭花葉片被人們稱為葉藝。蘭花葉藝主要有線藝、葉蝶、矮種等 3 種。

圖 2-4-20　春蘭神舟奇蝶

圖 2-4-21　春蘭玉樹臨風

圖 2-4-22　春蘭新品奇花

一、線　藝

　　線藝最主要的條件是：葉面出現黃色或白色的斑紋、斑點或斑塊。常見的線藝類型有爪藝、覆輪藝、縞藝、中斑藝、中透藝、斑縞藝、蛇皮斑藝、虎斑藝等。

　　爪藝，葉端部為黃色或白色，並向兩側葉緣延伸一段，葉尖看起來像鳥嘴，故又稱鳥嘴，如墨蘭達摩線藝（圖 2-5-1）；覆輪藝，整個葉片邊緣圍繞著一圈黃色或白

圖 2-5-1　墨蘭達摩線藝

往往葉尖較鈍，葉質也較厚，顯得蒼勁古拙，如墨蘭達摩矮種（圖 2-5-14）。

　　矮種的品位與其高度有關，一般來說，葉片越矮品位越高；此外，與其葉姿是否優美等也有關係。如春蘭掌上明珠矮種葉姿優美，加之開荷瓣花，品位較高（圖 2-5-15）。

圖 2-5-14　墨蘭達摩矮種

圖 2-5-15　春蘭掌上明珠

🌿 第六節　多藝品鑑賞

普通蘭花名品只有一個欣賞點，但有的名品卻有兩個或兩個以上欣賞點，這樣的蘭花名品被稱為多藝品。蘭花多藝品主要有花葉多藝品、花多藝品、葉多藝品等 3 種。

一、花葉多藝品

花葉多藝品最主要的條件是：花朵、葉片均有一個或一個以上的欣賞點。也可以這樣說，在葉片具葉藝（或線藝或葉蝶或矮種等）的基礎上，花為細花，即入品的花，如為瓣形花或蝶花或奇花等，如春蘭金泉（圖 2-6-1）。

蘭花花葉多藝品的品位取決於其花朵、葉片上欣賞點的品位：如春蘭彩虹之星葉片線藝向中透進化，花為紅綠複色花，嫵媚動人（圖 2-6-2）；春蘭軍旗花葉的藝均較高級，品位較高（圖 2-6-3）；蓮瓣蘭素冠荷鼎花為荷瓣素花，一花三藝，品位極高（圖 2-6-4）。

二、花多藝品

花多藝品最主要的條件是：花朵上具兩個或兩個以上欣賞點，如瓣形花加色花，奇花加色花等。蓮瓣蘭奇花素為蘭花中典型的花多藝品（圖 2-6-5）。

圖 2-6-1　春蘭金泉

圖 2-6-2　春蘭彩虹之星

圖 2-6-3　春蘭軍旗

圖 2-6-4　蓮瓣蘭素冠荷鼎

圖 2-6-5　蓮瓣蘭奇花素

花多藝品的品位取決於其欣賞點的品位，如春劍新品紅荷瓣花，形色俱佳，堪稱上品（圖 2-6-6）。

三、葉多藝品

葉多藝品最主要的條件是：葉片上具兩個或兩個以上欣賞點，如線藝加矮種等。墨蘭富貴為蘭花中典型的葉多藝品（圖 2-6-7）。

葉多藝品的品位取決於其兩個或兩個以上欣賞點的品位：如墨蘭天霸龍矮種，葉片短闊、質厚、起皺，並略有捲曲（即行龍），別具一格（圖 2-6-8）；達摩葉片行龍，線藝豐富，變幻莫測，為最具代表性的矮種葉多藝品（圖 2-6-9）。

圖 2-6-6　春劍新品

圖 2-7-15　寶來梅

圖 2-7-16　奇珍新梅

圖 2-7-17　新梅

137

圖 2-7-18　紅宋梅

圖 2-7-19　金昌梅

　　2．水仙瓣花。西字，江浙傳統水仙瓣花，有時開梅形，有時開荷形（圖 2-7-20）；翠一品，江浙傳統水仙瓣花，花品靈動清秀（圖 2-7-21）；汪笑春，江浙傳統飄門水仙瓣花，貓耳捧，萼片外翻（圖 2-7-22）；江南第一仙，水仙瓣花名品，萼片

圖 2-7-20　西字

圖 2-7-21　翠一品

圖 2-7-35　黃花

圖 2-7-36　寸心皇

圖 2-7-37　多彩貴州

三、奇瓣花

奇瓣花傳統名品如下：

中華雙驕，蕊蝶名品，萼片荷形（圖 2-7-38）；盛世奇蝶，高品位三心蝶，蝶斑豔麗（圖 2-7-39）；開元，三心蝶珍品，萼片中有一紅筋（圖 2-7-40）；金元蝶，三心蝶，花形尚可（圖 2-7-41）；大龍胭脂，三心蝶名品，蝶斑色豔醒目（圖 2-7-42）；三聖，科技草，高品位三心蝶，萼片黃色，荷瓣形（圖 2-7-43）；豔蝶，產於

143

浙江臨海之三心蝶（圖 2-7-44）；鳳舞，外蝶化，蝶化側萼片如裙襬狀（圖 2-7-45）；如意牡丹，牡丹瓣奇花，花形規整，品位較高（圖 2-7-46）；華頂牡丹，牡丹瓣奇花，瓣質如翡翠般溫潤（圖 2-7-47）；領帶花，多瓣多舌奇花，花中有小花（圖 2-7-48）；靈素牡丹，牡丹瓣奇花，蝶化唇瓣素色，清雅（圖 2-7-49）；中華麒麟，牡丹瓣奇花珍品，素豔有度（圖 2-7-50）。

圖 2-7-38　中華雙驕

圖 2-7-39　盛世奇蝶

圖 2-7-40　開元

圖 2-7-41　金元蝶

圖 2-7-42　大龍胭脂

圖 2-7-43　三聖

圖 2-7-44　豔蝶

圖 2-7-45　鳳舞

圖 2-7-46　如意牡丹

圖 2-7-47　華頂牡丹

圖 2-7-48　領帶花

圖 2-7-49　靈素牡丹

圖 2-7-50　中華麒麟

🌿 第八節　蓮瓣蘭精品鑑賞

　　蓮瓣蘭假鱗莖較小，呈圓球形。根粗壯，根尖部鈍圓。葉 6～7 片集生；葉大多寬 0.5 公分左右，葉長以 40～50 公分者居多；葉緣有細鋸齒，中脈及兩側平行脈明顯。一箭多花，大多著花 2～4 朵，花色多為藕色、粉色、白色、紅色等。花期 1—3 月。

　　蓮瓣蘭主產於雲南，栽培始於明清。近些年，中國開發了大量高品位的蓮瓣蘭品種，既有中規中矩的瓣形花、清雅的素花，也有華美的色花、蝶花、奇花。值得一提的是，蓮瓣蘭瓣較薄，但色澤特別潔淨、明麗，其素花如冰似玉，超凡脫俗，更具美感。蓮瓣蘭中的劍陽蝶、蒼山奇蝶、奇花素、滇梅、黃金海岸被稱為「滇蘭五朵金花」。

一、瓣形花

　　蓮瓣蘭瓣形花主要分為梅瓣花、荷瓣花等。

　　1. **梅瓣花**。點蒼梅，梅瓣花名品，花骨力強勁（圖 2-8-1）；永昌梅，梅瓣花，花無花柄，直接著生在花梗上，萼片荷形，捧瓣略起兜（圖 2-8-2）。

　　　　　　　圖 2-8-1　點蒼梅　　　　　　　　　　　圖 2-8-2　永昌梅

2. **荷瓣花**。雲山荷，荷瓣花，花品尚可（圖 2-8-3）；天使荷，荷瓣花名品，花瓣呈拱抱狀（圖 2-8-4）；狀元梅，實為荷瓣花，花無花柄，略帶紅色（圖 2-8-5）；甲殼蟲，小型荷瓣花，花形嚴謹，花瓣上佈紅筋（圖 2-8-6）；粉荷，荷瓣花珍品，花形端莊，瓣質如玉（圖 2-8-7）；雲熙荷，荷瓣花名品，花無花柄，骨力強健（圖 2-8-8）；聚寶荷，高品位荷瓣花，雍容大氣（圖 2-8-9）；蕩山荷，花形端正，但花守欠佳（圖 2-8-10）；荷之冠，荷瓣花代表品種之一，花品佳（圖 2-8-11）；趙氏荷，荷瓣花，花品尚可（圖 2-8-12）；飄洋荷，荷瓣花，花色淡綠帶紅暈，花瓣上佈筋紋，花守欠佳（圖 2-8-13）；荷瓣新品，小型荷瓣花，紅花，唇瓣上紅斑美豔（圖 2-8-14）；朱絲玉荷，荷形花，開品彈性大（圖 2-8-15）。

圖 2-8-3　雲山荷

圖 2-8-4　天使荷

圖 2-8-5　狀元梅

圖 2-8-6　甲殼蟲

圖 2-8-7　粉荷

圖 2-8-8　雲熙荷

圖 2-8-9　聚寶荷

圖 2-8-10　蕩山荷

圖 2-8-11　荷之冠

圖 2-8-12　趙氏荷

圖 2-8-1 3　飄洋荷

圖 2-8-1 4　荷瓣新品

　圖 2-8-15　朱絲玉荷

圖 2-8-28　映山紅

圖 2-8-29　水晶輪

圖 2-8-30　紅蓮瓣

三、奇瓣花

蓮瓣蘭奇瓣花的主要品種如下：

滿江紅，三心蝶珍品，色斑鮮紅，華麗（圖 2-8-31）；新種三心，三心蝶新品，貓耳捧完全蝶化（圖 2-8-32）；馨海蝶，三心蝶名品，貓耳捧完全蝶化（圖 2-8-33）；劍陽蝶，外蝶珍品，花小而典雅（圖 2-8-34）；寶蓮瓣，外蝶花，品位較高（圖 2-8-35）；麗江星蝶，三心蝶名品，貓耳捧完全蝶化（圖 2-8-36）；奧運牡丹，多瓣奇花，瓣數繁多（圖 2-8-37）；蒼山奇蝶，奇花名品，瓣數及蝶化程度變化無常

（圖 2-8-38）；錦繡河山，樹形牡丹花，花雙藝（圖 2-8-39）；黃金海岸，多舌奇花，花中央增生許多小唇瓣，有時也開成普通花（圖 2-8-40）。

圖 2-8-31　滿江紅

圖 2-8-32　新種三心

圖 2-8-33　馨海蝶

圖 2-8-34　劍陽蝶

圖 2-8-35　寶蓮瓣

圖 2-8-36　麗江星蝶

圖 2-8-37　奧運牡丹

圖 2-8-38　蒼山奇蝶

圖 2-8-39　錦繡河山

圖 2-8-40　黃金海岸

第九節　春劍精品鑑賞

春劍假鱗莖橢圓形。根短而粗。葉4～7片集生，寬 1.2～1.5 公分，長 50～70 公分。直立性強，多薄革質硬莛，葉緣有淺葉齒，中葉脈後凸，側脈明顯。一箭著花2～5朵，花色多淡綠色，常呈半透明狀。花期2—3月。

春劍主產於中國四川、重慶，其他地區也有分佈。傳統春劍以賞素花為主，如西蜀道光、隆昌素、銀稈素等。近些年，中國開發了許多春劍新品種。因為對春劍品種的鑑賞是在以江浙瓣形理論和現代蘭花鑑賞思潮的大背景下產生的，所以，春劍的品種既有傳統的瓣形花、素花，也有時尚的奇花、蝶花。

一、瓣形花

春劍瓣形花可分為梅瓣花、荷瓣花等，主要品種如下。

1. 梅瓣花。玉海棠，著名春劍梅瓣花，萼片短闊，頂部桃尖狀皺角，品位高（圖 2-9-1）；皇梅，梅瓣花名品，瓣形嚴謹（圖 2-9-2）；春劍梅，梅瓣花新品，瓣頂部有如桃尖狀皺角（圖 2-9-3）；天璽梅，梅瓣花，瓣頂部有如桃尖狀皺角（圖 2-9-4）。

圖 2-9-1　玉海棠

圖 2-9-2　皇梅

圖 2-9-3　春劍梅

159

2. 荷瓣花。柴曦荷，荷瓣花，花形尚可（圖 2-9-5）；雲荷，高品位荷瓣花，萼片中央布紅筋（圖 2-9-6）；葉形草，無花柄，荷瓣花，花朵朝天開（圖 2-9-7）；小荷瓣，荷瓣花，花小，但開得中規中矩（圖 2-9-8）；新荷，略帶紅色荷瓣花，新品（圖 2-9-9）；紅荷，紅色荷瓣花，花大朵（圖 2-9-10）。

圖 2-9-4　天璽梅

圖 2-9-5　柴曦荷

圖 2-9-6　雲荷

圖 2-9-7　葉形草

圖 2-9-8　小荷瓣

圖 2-9-9　新荷

圖 2-9-10　紅荷

圖 2-9-11　大荷素

二、色彩花

春劍色彩花主要品種如下：

大荷素，素花名品，花大，花色嫩綠（圖 2-9-11）；新素，素花新品（圖 2-9-12）；複色春劍，紅綠複色花，對比強烈（圖 2-9-13）；春劍紅素，紅素花，花色如醉酒紅（圖 2-9-14）；春劍朵雲，紅綠複色花，花瓣皺捲，花形似蕙蘭朵雲（圖 2-9-15）；霓裳，紅綠複色花，花形似百合花，品位較高（圖 2-9-16）；彩雲南，紅綠複色花，花大，荷形（圖 2-9-17）；佛光，紅綠複色花，葉中斑藝、中透藝，花葉雙藝品（圖 2-9-18）；天腐紅梅，梅瓣複色花，花雙藝，品位高（圖 2-9-19）。

圖 2-9-1 2　新素

圖 2-9-1 3　複色春劍

圖 2-9-26　西部紅牡丹

圖 2-9-27　蓋世牡丹

圖 2-9-28　榮華牡丹

圖 2-9-29　花蕊夫人

圖 2-9-30　五彩麒麟

第十節　蕙蘭精品鑑賞

蕙蘭假鱗莖不明顯。根較粗短，基部略比根前端粗大。葉 5～8 片集生，長 30～140 公分，寬 0.6～1.3 公分；基部常對折，直立性強，質地較堅硬；中脈明顯，半透明，向葉背面突出，平行脈也較明顯；葉緣具粗鋸齒，葉面粗糙。一箭多花，常 6～12 朵。花期 4—5 月。

蕙蘭產於中國江蘇、浙江、安徽、陝西等地。其栽培鑑賞歷史以江浙地區最為著名，這一地區積累了豐富的栽培鑑賞經驗。

據記載，有記錄的蕙蘭傳統名品近 190 種，保留至今的僅有 60 餘種。從乾隆到道光的百餘年間，選出了「蕙蘭老八種」：程梅、大一品、元字、上海梅、關頂、染字、潘綠梅、蕩字；此後，又選出「蕙蘭新八種」：樓梅、老極品、榮梅、翠萼、慶華梅、端梅、江南新極品、崔梅。其中，大一品被稱為「綠蕙之首」，程梅被稱為「赤蕙之首」。

傳統蕙蘭以瓣形花、素花為多，近些年下山了不少奇花、蝶花等。

一、瓣形花

蕙蘭瓣形花主要品種如下：

關頂，江浙傳統梅瓣花，赤梗赤花，花形佳，但花色紫暗（圖 2-10-1）；崔梅，江浙傳統梅瓣花，赤轉綠蕙，花品端正（圖 2-10-2）；慶華梅，江浙傳統梅瓣花，綠蕙（圖 2-10-3）；江南新極品，江浙傳統梅瓣花，赤轉綠蕙，風韻佳（圖 2-10-4）；程梅，江浙傳統梅瓣花珍品，赤蕙，花形端莊，氣宇軒昂（圖 2-10-5）；端蕙梅，江浙傳統梅瓣花，赤轉綠蕙，花品佳，但萼片收根不足（圖 2-10-6）；老極品，江浙傳統梅瓣花，綠蕙，品位高（圖 2-10-7）；老朵雲，江浙傳統皺角梅瓣珍品，花瓣皺翻如波浪，頗有特色（圖 2-10-8）；陶寶，綠蕙梅瓣新品，花品較佳（圖 2-10-9）；元字，江浙傳統水仙瓣花珍品，赤蕙，獨具風韻（圖 2-10-10）；海鷗，江浙綠蕙水仙瓣名品，花形似海鷗展翅（圖 2-10-11）；菊梅，水仙瓣花新品（圖 2-10-12）；鄭孝荷，江浙傳統赤蕙荷瓣花，確切地說是荷形水仙瓣花（圖 2-10-13）。

圖 2-10-1　關頂

圖 2-10-2　崔梅

圖 2-10-3　慶華梅

圖 2-10-4　江南新極品

圖 2-10-5　程梅

圖 2-10-6　端蕙梅

圖 2-10-7　老極品

圖 2-10-8　老朵雲

圖 2-10-9　陶寶

圖 2-10-10　元字

圖 2-10-11　海鷗

圖 2-10-12　菊梅

圖 2-10-13　鄭孝荷

二、色彩花

蕙蘭色彩花主要品種如下：

溫州素，江浙傳統素花，花瓣柳葉形，綠中稍帶黃色（圖 2-10-14）；翠定荷素，江浙傳統素花，花瓣竹葉形，淡翠綠色（圖 2-10-15）；金嶴素，江浙傳統素花珍品，花荷形，瓣質有翡翠質感（圖 2-10-16）；新素，素花新品，荷形瓣，花色翠綠，品位較高（圖 2-10-17）；寒山素，素花新品，花色翠綠（圖 2-10-18）；複色梅，紅綠複色梅瓣花，品位高（圖 2-10-19）；玄夢素，赤殼素，花瓣紅綠色，唇瓣翠綠色（圖 2-10-20）；藝草紅覆輪，花粉花中帶綠、嬌豔可人，葉為覆輪藝，花葉雙藝（圖 2-10-21）。

圖 2-10-14　溫州素

圖 2-10-15　翠定荷素

圖 2-10-16　金嶴素

圖 2-10-17　蕙蘭新素

圖 2-10-18　寒山素

圖 2-10-19　複色梅

圖 2-10-20　玄夢素

圖 2-10-21　藝草紅覆輪

圖 2-10-22　大疊彩

三、奇瓣花

蕙蘭奇瓣花主要品種如下：

大疊彩，三心蝶新老種，蝶斑鮮紅，品位高（圖 2-10-22）；新外蝶，外蝶新品，花品端正（圖 2-10-23）；紅太陽，高品位三心蝶新品（圖 2-10-24）；金龍蕊蝶，多舌牡丹瓣奇花，花或開成三心，或開成四心，或開成五心，華麗豔美（圖 2-10-25）；佳韻奇蝶，牡丹瓣奇花，花色翠綠中帶紫紅，典雅高貴（圖 2-10-26）；板橋牡丹，牡丹瓣奇花珍品，花枝如樹形，花色豔而不俗（圖 2-10-27）；綠牡丹，牡丹瓣奇花珍品，花朝天開（圖 2-10-28）；千手觀音，樹形花，饒有趣味（圖 2-10-29）；凌雲，奇花，唇瓣變異成捧瓣狀，獨具一格（圖 2-10-30）。

圖 2-10-23　新外蝶

圖 2-10-24　紅太陽

圖 2-10-25　金龍蕊蝶

圖 2-10-26　佳韻奇蝶

圖 2-10-27　板橋牡丹

圖 2-10-28　綠牡丹

圖 2-10-29　千手觀音

圖 2-10-30　凌雲

🌱 第十一節　建蘭精品鑑賞

建蘭假鱗莖明顯，圓形或橢圓形。根系較發達。葉片 3～6 枚集生，長 30～50 公

分，寬 1～1.5 公分，葉脈不明顯，略有光澤。一箭花 4～9 朵，淺黃綠色。花期 7—10 月，有的一年連續兩三度開花，故有四季蘭之稱。

建蘭在中國分佈較廣，福建、廣東及台灣、廣西、湖南及台灣等地均產。建蘭是中國栽培歷史最為悠久的蘭花種類之一，歷史上曾被推崇為最受歡迎的種類。傳統建蘭品種多為素花，如龍岩素、大鳳素、永福素等。近些年，台灣選育了一批建蘭色花、蝶花和奇花，四川等地也選育了一批建蘭瓣形花。其中，富山奇蝶、寶島金龍、四季玉獅被譽為「建蘭三大奇花」。

一、瓣形花

圖 2-11-1　一品梅

建蘭瓣形花主要品種如下：

一品梅，梅瓣花珍品，骨力強勁，但稍欠圓潤（圖 2-11-1）；夏皇梅，小花型梅瓣，花圓潤秀雅，但開品彈性大（圖 2-11-2）；瀘州荷仙，荷形水仙瓣花，花品佳（圖 2-11-3）；君荷，建蘭荷瓣花代表品種，萼片圓潤，放角不明顯（圖 2-11-4）；素君荷，素荷瓣花，科技草，花形與君荷相似，美中不足捧瓣「開天窗」（圖 2-11-5）。

圖 2-11-2　夏皇梅

圖 2-11-3 瀘州荷仙

圖 2-11-4 君荷

圖 2-11-5 素君荷

二、色彩花

建蘭色彩花主要品種如下：

荷花素，傳統素花，花大，荷形，品位高（圖 2-11-6）；白玉荷，產於台灣的素花，荷形，但花守欠佳（圖 2-11-7）；天鵝素，產於台灣的素花，葉爪藝，花葉雙藝（圖 2-11-8）；新素，素花新品，花清秀（圖 2-11-9）；青山玉泉，複色花名品，開

圖 2-11-6　荷花素

圖 2-11-7　白玉荷

圖 2-11-8　天鵝素

圖 2-11-9　建蘭新素

品好時花帶覆輪（圖 2-11-10）；綠鳥嘴，台灣複色花名品，花葉交輝，甚美（圖 2-11-11）；紅品，台灣紅色花，葉帶爪藝，花葉雙藝（圖 2-11-12）；市長紅，台灣紅色花名品，花形花色均較佳（圖 2-11-13）；寶島胭脂，台灣紅色花名品，瓣質

圖 2-11-10　青山玉泉

圖 2-11-11　綠鳥嘴

圖 2-11-12　紅品

圖 2-11-13　市長紅

圖 2-11-14　寶島胭脂

圖 2-11-15　白雅

佳，花形稍遜（圖 2-11-14）；白雅，
花瓣白色略帶綠色，瓣質溫潤如翡翠
（圖 2-11-15）。

三、奇瓣花

建蘭奇瓣花主要品種如下：

大寶島，台灣三心蝶名品，花大，
品位高（圖 2-11-16）；雙蝴蝶，三心
蝶名品，蝶斑如唇印，清豔（圖 2-11-
17）；吉利三星，蕊蝶，有時也開成三
心蝶（圖 2-11-18）；富山奇蝶，台灣
多瓣奇花珍品，花形花色俱佳，華麗至
極（圖 2-11-19）；梨山獅王，台灣多
瓣多舌奇花（圖 2-11-20）。

圖 2-11-16　大寶島

圖 2-11-17　雙蝴蝶

圖 2-11-18　吉利三星

圖 2-11-19　富山奇蝶

圖 2-11-20　梨山獅王

第十二節　墨蘭精品鑑賞

墨蘭假鱗莖橢圓形，根大小中等。葉片 3～6 枚集生，株型高大，葉片長而寬

闊,長多在 60～80 公分,寬約 2 公分,深綠色,具光澤。花莖通常高出葉面,一箭著花 7～17 朵,花多為淡褐色。花期 1—3 月,少數在秋季開花(秋榜)。

墨蘭廣泛分佈於中國廣東、福建、雲南及台灣等地。廣東素有種植墨蘭傳統,民間將企黑、白墨、金嘴、銀邊稱為「四大家蘭」。台灣墨蘭品種繁多,其中以線藝品種最為豐富,有「線藝四大天王」(瑞玉、大石門、金玉滿堂、龍鳳呈祥)、「白爪藝四大金剛」(招財進寶、白海豚、閃電、祥玉白爪)以及達摩等。此外,墨蘭中奇花、蝶花、色花等名品也甚多,墨蘭名品大屯麒麟、國香牡丹、玉獅子、馥翠、文山奇蝶被譽為「五大奇花」。

一、瓣形花

墨蘭瓣形花主要品種如下:

嶺南大梅,梅瓣花名品,花品稍欠圓潤,閩南大梅花品與其相似(圖 2-12-1);閩西紅梅,長腳梅瓣花,花紅色,花品較佳(圖 2-12-2);新浦望月,產於台灣的荷形花,花紅色(圖 2-12-3);中矮大荷,荷形花,花品端正,株型中矮(圖 2-12-4);雙龍戲珠,荷瓣花,花色暗紅,矮種(圖 2-12-5)。

二、色彩花

墨蘭色彩花主要品種如下:

潮州素荷,素花,花色翠綠(圖 2-12-6);吳字翠,台灣素花名品,花色翠綠

圖 2-12-1　嶺南大梅

圖 2-12-2　閩西紅梅

圖 2-12-3　新浦望月

圖 2-12-4　中矮大荷

圖 2-12-5　雙龍戲珠

圖 2-12-6　潮州素荷

圖 2-12-7　吳字翠

（圖 2-12-7）；白玉，台灣素心花，花色與雙美人相似（圖 2-12-8）；雙美人，台灣花葉雙藝名品，素心花，舌淨黃，葉具爪藝（圖 2-12-9）；復興寶，台灣花葉雙藝名品，素心花，舌略帶紅暈，葉具爪斑縞藝（圖 2-12-10）；大勳，台灣花葉雙藝名品，紅色花，葉具多種藝向（圖 2-12-11）；蠟燭紅，台灣紅色花，花色紅似火（圖 2-12-12）；玉如意，台灣色花佳品，花色金黃略帶胭脂色（圖 2-12-13）；金鳥，台灣複色花，花色金黃帶覆輪藝，花具線藝，為花葉雙藝品（圖 2-12-14）。

三、奇瓣花

墨蘭奇瓣花主要品種如下：

花溪荷蝶，外蝶花名品，花形端正（圖 2-12-15）；蝶王，外蝶花新品（圖

圖 2-12-8　白玉

圖 2-12-9　雙美人

185

圖 2-12-10　復興寶

圖 2-12-11　大勳

圖 2-12-12　蠟燭紅

圖 2-12-13　玉如意

圖 2-12-14　金鳥

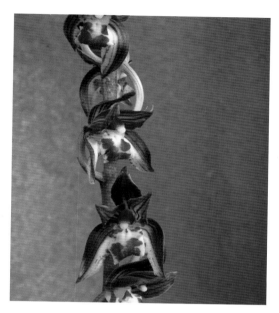

圖 2-12-15　花溪荷蝶

圖 2-12-16　蝶王

圖 2-12-17　喜菊

2-12-16）；喜菊，台灣多舌奇花名品，舌上紅斑鮮紅（圖 2-12-17）；玉觀音，台灣三心蝶名品，花色清雅（圖 2-12-18）；寶島奇花，台灣牡丹瓣奇花，花華麗（圖2-12-19）；翠華奇蝶，多舌奇蝶花，舌翠綠（圖 2-12-20）。

🌿 第十三節　寒蘭精品鑑賞

寒蘭假鱗莖狹橢圓形。葉 3～7 片集生，長 40～70 公分，寬 1～1.6 公分。直立

圖 2-12-18　玉觀音

圖 2-12-19　寶島奇花

圖 2-12-20　翠華奇蝶

性強，花莖與葉面等高或高出葉面，一箭著花 10 餘朵。萼片與花瓣都較狹長。花期 10—12 月。寒蘭有細葉寒蘭與大葉（闊葉）寒蘭之分：細葉寒蘭葉較細，株型較小，根粗，花朵往往帶白覆輪，花香氣淡；大葉寒蘭葉較寬闊，株型較大，根細，花朵無白覆輪，花往往香氣濃。

寒蘭主要分佈於中國福建、江西、廣西、浙江、四川、湖南等地。寒蘭株型瀟灑，花朵靈秀，花色豐富。寒蘭花形以瓣闊、平肩、端莊或奇異而有趣味者為上，舌以舒而不捲、舌斑規整者為佳，花色以鮮豔、素淨、絢麗者為優。

一、瓣形花

寒蘭瓣形花主要品種如下：

梅瓣新品，寒蘭中少有的正格梅瓣

花，花色亦佳（圖 2-13-1）；梅形新品，梅形花，捧瓣起兜，花形呈拱抱狀（圖 2-13-2）；寒仙，水仙瓣花，萼片稍向後捲，有靈動之美（圖 2-13-3）；複色仙，水仙瓣花，花略帶複色（圖 2-13-4）；鉤舌花，唇瓣平直，頂部呈鉤狀，此類花形為寒蘭的又一大特色（圖 2-13-5）。

圖 2-13-1　梅瓣新品

圖 2-13-2　梅形新品

圖 2-13-3　寒仙

圖 2-13-4　複色仙

圖 2-13-5　鉤舌花

二、色彩花

寒蘭色彩花主要品種如下：

複色品，紅綠複色花，絢麗（圖2-13-6）；藝花，複色花，花帶綠覆輪，素雅（圖2-13-7）；複色新品，高品位複色花，花形、花色俱佳（圖2-13-8）；奇形複色，紅綠複色，捧瓣起兜，花瓣似龍爪飛舞（圖2-13-9）；舌色花，唇瓣中央有一紅斑，煞是可愛（圖2-13-10）；新素，素花，綠花白舌（圖2-13-11）。

三、奇瓣花

寒蘭奇瓣花主要品種如下：

新蝶，外蝶，蝶化程度稍低（圖2-13-12）；寒星，三心蝶，蝶斑尚佳

圖 2-13-6　複色品

圖 2-13-7　藝花

（圖 2-13-13）；福奇，多瓣多舌蝶化奇花，繁而不亂（圖 2-13-14）；新奇，菊瓣奇花，花朵朝天（圖 2-13-15）。

圖 2-13-8　寒蘭複色新品

圖 2-13-9　奇形複色

圖 2-13-10　舌色花

圖 2-13-11　新素

圖 2-13-12　新蝶

圖 2-13-13　寒星

圖 2-13-14　福奇

圖 2-13-15　新奇

大展好書　好書大展
品嘗好書　冠群可期

大展好書　好書大展
品嘗好書　冠群可期